U0226339

新时代高质量发展丛书

东北亚区域环境治理机制

任晓菲◎著

REGIONAL ENVIRONMENTAL GOVERNANCE
MECHANISMS IN NORTHEAST ASIA

黑龙江省社会科学院创新工程成果文库资助成果

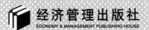

经济管理出版社
ECONOMY & MANAGEMENT PUBLISHING HOUSE

图书在版编目（CIP）数据

东北亚区域环境治理机制/任晓菲著 . —北京：经济管理出版社，2023.8
ISBN 978-7-5096-9169-4

I.①东⋯　Ⅱ.①任⋯　Ⅲ.①东北亚经济圈—区域环境—综合治理—研究　Ⅳ.①X21

中国国家版本馆 CIP 数据核字（2023）第 152515 号

组稿编辑：王光艳
责任编辑：王光艳
责任印制：黄章平
责任校对：徐业霞

出版发行：经济管理出版社
　　　　　（北京市海淀区北蜂窝 8 号中雅大厦 A 座 11 层　　100038）
网　　址：www. E-mp. com. cn
电　　话：（010）51915602
印　　刷：北京市海淀区唐家岭福利印刷厂
经　　销：新华书店
开　　本：720mm×1000mm/16
印　　张：14.5
字　　数：208 千字
版　　次：2023 年 8 月第 1 版　　2023 年 8 月第 1 次印刷
书　　号：ISBN 978-7-5096-9169-4
定　　价：68.00 元

前　言

　　环境问题深刻影响着人类的生存和发展，是当今世界各国面临的重大问题之一，因此备受世界关注，同时全球环境治理已成为广泛的共识。全球环境问题具有跨界性、公共性、全球性、长期性等特点，一国很难单独通过治理解决。人类社会面临的共同环境问题以及国际环境治理的共同需要迫使各国打破国界和地域的限制、打破社会制度与政策差异的限制、打破文化与宗教信仰的限制，主权国家政府以及非政府组织应积极协调行动、共同参与、共同治理。中国作为负责任的大国，在党的二十大报告中指出，中国积极参与全球治理体系改革和建设，践行共商共建共享的全球治理观，坚持真正的多边主义，推进国际关系民主化，推动全球治理朝着更加公正与合理的方向发展。

　　东北亚区域是世界经济发展最迅速、最具活力的区域之一，在经济繁荣发展的同时，气候变暖、生态系统退化、海洋污染、生物多样性破坏等问题日益凸显。经过多年的广泛合作，东北亚区域已逐步构建了诸多双边、多边环境治理机制，但受历史、文化、经济以及复杂地缘政治的影响，东北亚区域内现有环境治理机制缺乏制度约束、资金支持等，尚未达成共同环境意识，环境治理成果不显著，制约了东北亚区域环境治理的发展。环境治理问题产生的外溢效应、单边利益博弈带来的"囚徒困境"、区域可持续发展均迫切呼吁建立有效的区域协同治理机制。

基于此，本书以构建人类命运共同体理念为引领，主要围绕东北亚区域环境治理存在的问题展开研究，在对影响区域环境问题的因素进行相关性分析的基础上，利用空间面板数据从经济学角度对环境污染进行了经济分析，并尝试从机制设计上重构区域环境治理的分析框架，演绎区域生态环境治理机制运行和保障之间的路径关系，以期为东北亚区域环境治理提供一定的理论和实践依据。

目　录

❶ 绪　论

1.1　研究背景

随着人类社会的发展、科技的进步、经济的发展、人们生活水平的提高，环境污染问题日益严重。当环境污染问题发生在一国国界内时，该国对环境污染的治理负有相应的责任。但环境污染问题，无论是大气污染还是海洋污染等都具有扩散性和流动性，这就产生了跨国界环境问题。根据跨国界环境问题的影响范围，可将其分为全球和区域两个范畴。目前，全球范围内突出的环境问题主要有气候变化、臭氧层破坏、生物多样性减少、酸雨、土地荒漠化、有毒化学品和危险废物越境转移，等等。跨国界环境问题在某个区域影响较大就可认为是区域环境问题，比如在亚洲东北部地区经常发生的沙尘暴。这类环境问题的影响具有越界性、长期性、公共性、全球性等特点，其中越界性和长期性使环境问题很难被独自治理，需要主权国家的共同协作来提前监控和预防；而公共性和全球性使环境问题的治理需要更多的人共同参与。1989 年，世界环境与发展委员会向联合国提交的研究报告《我们共同的未来》指出，环境问题不能使用军事手段解决，只能采用合作、协商、治理的政治经济形式解决；环境污染是没有国界的，保护环境是全世界各国共同的事业，解决环境问题需要更广泛的国际合作。

　　人类关注环境问题开始于20世纪70年代，1972年6月，在瑞典首都斯德哥尔摩召开了第一次全球政府间环境会议——联合国人类环境会议，各国领导讨论了当代环境问题以及如何保护全球环境，此次会议通过了《人类环境会议宣言》，在会议后呼吁全球各国政府和人民为维护和改善全球环境而共同努力。这次会议后建立了联合国环境规划署（United Nations Environment Programme，UNEP），标志着全球环境治理的开始。1992年的《里约环境与发展宣言》指出，各国应本着全球伙伴精神，为保存、保护和恢复地球生态系统的健康和完整进行合作，而鉴于全球环境退化的各种不同因素，各国负有共同的但又有差别的责任。2005年2月16日，《京都议定书》生效，标志着全球通过合作治理环境问题迈出了重要的一步。2015年12月，巴黎气候大会达成了《巴黎协定》，这份协议在一定程度上代表了人类在全球层面上对环境的治理进入了一个新的层次（周圆，2016）。2019年3月，联合国环境规划署发布了第六期《全球环境展望》，该报告对全球环境进行了全面评估，指出几十年来，人口压力以及经济发展被公认为是环境变化的主要驱动因素。地球已受到极其严重的破坏，如果不采取紧急且更大力度的行动来保护环境，地球的生态系统和人类的可持续发展事业将受到更严重的威胁。经过50年的全球环境治理，证明了跨国界环境问题是不能仅由一个国家完成的，而是需要全球各国共同努力，通过国际合作的方式共同采取行动解决。

　　区域生态环境问题是指跨国界环境问题发生在区域层面，该问题已大量出现，呈现复杂化、多元化等趋势。区域内跨国界生态环境问题的解决同样超出一个国家的能力，往往一个国家的政策难以解决这类问题，这就是所谓的"政府失灵"；同时也不能由市场来解决，这就是所谓的"市场失灵"。"治理"是为了弥补政府和市场失灵而提出的，因此需要区域内的国家进行合作，共同治理区域内的环境问题。

东北亚作为世界经济发展最迅速、最具活力的区域之一,环境污染问题逐渐显现,环境质量不断下降,区域内人口和经济快速增长以及社会发展已经超过了区域内环境承载能力和环境容量。以日本为代表的发达国家首先出现环境污染问题。日本在"二战"后经历了一段以牺牲环境为代价的经济高速增长时期,使其一度成为环境污染最严重的国家,水俣病、骨痛病、米糠油事件等成为世界性公害事件。随后区域内其他国家均有环境污染问题发生。随着污染问题的日益严重,跨界环境污染问题随之产生。酸雨、沙尘暴、雾霾、海洋污染等典型的跨国界区域环境污染问题频发,区域内国家因受到这类跨界环境污染的影响,逐渐开始关注区域内跨国界环境污染的合作治理。开展区域环境治理需要在区域内建立正式或非正式的制度,由条约、协议等形式形成一种机制,以促进区域可持续发展为目标引导,同时促进区域内主体间的合作。

自 1992 年联合国环境与发展大会举办后,东北亚区域内国家开始积极举办区域环境会议,实行了一些环境合作方案,建立了若干区域环境治理机制以应对区域环境问题,但东北亚区域环境污染问题及环境安全形势并未得到有效缓解,甚至存在持续恶化的趋势。东北亚区域环境治理机制主要有中日韩环境部长会议(TEMM)、东北亚次区域环境合作计划(NEAS-PEC)、东北亚环境合作会议(NEAC),还有一些专项合作机制,如东亚酸沉降监测网(EANET)、西北太平洋行动计划(NOWPAP)等。这些区域环境治理机制包含区域环境治理问题以及与环境领域相关的内容,并且每年都会达成一些项目合作。

然而,这些环境治理机制存在发展滞后、机制设计重合、合作机制缺乏有效性等问题,一些治理机制甚至已经停滞,不能有效地运行。本书首先在系统描述东北亚区域环境污染现状和环境治理现状的基础上,挖掘和归纳了近年来东北亚区域治理过程中存在的问题和影响治理的政治、经济、制度、文化等因素,指出东北亚区域环境问题存在治理的必要性和可行性。其次从自然、经济和社会三个方面分析东北亚区域环境问题的成因,对影响区域环境问题的因素进行相关性分析,并进一步从经济学角度研究环境污染,从而明确环境治理需要解决的主要问题。同时，分析借鉴欧盟区域环境治理和大湄公河次区域环境治理的经验。在前面研究的基础上，探索构建东北亚区域环境治理机制的框架体系，明确东北亚区域环境治理机制的设计目标和基本原则，区域环境治理的主体、区域环境治理的对象以及区域环境治理机制设计的方向，并深入分析了区域环境治理机制的运行和保障模式。

1.2　研究目的及意义

1.2.1　研究目的

在经济全球化的过程中，环境问题日益凸显，同时，由于人口和经济的增长，以及社会的发展超过了区域内环境的承载能力，区域环境问题随之产生。与一国内部环境问题的解决不同，区域跨国界环境问题的解决超出了一个国家或地方政府的能力范围，需要区域内主体的合作。

东北亚区域汇集了处于不同发展阶段的国家类型，如发达国家日本、新兴经济体韩国、世界上最大的发展中国家中国、发展中的资源大国俄罗斯，以及相对落后的蒙古国和朝鲜，区域结构呈现明显的异质性，国际关系也错综复杂（李雪松，2014）。东北亚区域各国之间在发展阶段、对环境问题的重视程度以及对环境污染的责任划分上存在分歧和争议（蔺雪春，2007）。目前，东北亚区域内各国经济发展不平衡，发展水平存在较大差异，各国环境政策也不尽相同。东北亚区域环境治理的发展仍处于起步阶段，现有的区域环境治理机制存在缺乏有效性、缺乏制度约束、缺乏资金支持等问题，环境治理机制未能取得良好的治理效果。本书的研究目的主要体现在以下两个方面。

第一，充分分析东北亚区域环境治理现状和存在的问题，多方面、多因素深入剖析东北亚区域环境治理问题不能被有效解决的原因。

第二，借鉴欧盟等区域环境治理的经验，构建东北亚区域环境治理的框架和机制，使之能有效运行并不断完善，充分、及时、有效地解决东北亚区域跨国界环境污染问题，实现东北亚区域可持续发展。

1.2.2　研究意义

自"冷战"结束以后，东北亚区域就已经开始环境治理的一系列尝试，初步形成了多渠道、多层次、多领域的合作格局，并相继签订了一系列跨界污染治理与环境合作意向框架。但东北亚区域环境合作仍处于起步阶段，基本上停留在会议讨论与研究，以及交流层面上，距有效的区域环境治理和制定区域性环境条约还有一段距离。同时，环境合作机制也大多以"对话""论坛"等为基础，对各国的非合作行为缺乏约束力；在面对突发性危机事件时，难以整合和集中区域内相关优势资源进行应对。

环境治理问题作为国际社会的热点问题，一直被经济学、管理学、环境科学和国际关系学的研究者所关注。这也从一个侧面彰显了该问题的复杂性与学科融合特征。本书立足于经济学视角，综合运用全球治理理论、机制设计理论等科学研究跨界环境污染问题的理论与方法，利用空间面板数据的分析方法，分析环境污染与区域经济、贸易、人口、城市化水平、森林覆盖率之间的关系，指出产生跨界污染这一区域负外部性问题的根源，同时研究区域环境协同治理机制框架以及治理机制实现的路径。这在一定程度上丰富了区域治理理论的内容，拓宽了东北亚区域治理研究的广度，补充了东北亚区域在环境治理方面的研究，对促进东北亚区域环境与经济协调发展具有重要的理论意义。

本书研究的现实意义在于以下两个方面。

（1）东北亚区域各国处在不同的经济发展阶段，其对环境污染问题的重视程度以及对跨国界污染的责任划分存在分歧和争议。发达国家在其工业化进程中对区域环境造成了一定的破坏，但随着经济发展水平的不断提高，国内环境状况的相应改善，因此更加关注区域环境状况和跨国界环境问题，而发展中国家则更侧重于经济发展而非环境改善。本书客观分析东北亚区域，以及东北亚区域各国的环境状况和环境政策，有助于推动东北亚区域环境治理的发展。

（2）本书通过分析东北亚区域环境治理现状，剖析区域治理存在的问题及制约因素，根据全球治理理论、机制设计理论等构建东北亚区域环境治理机制以及机制的运行和保障措施，以期构建完善、科学、规范的区域环境治理体系，践行人类命运共同体理念，推动东北亚区域环境治理更加有效地实现合作与共赢。

1.3　国内外研究现状及述评

自工业革命以来，全球环境污染问题日益凸显，也越发成为全世界共同关注的问题。笔者首先通过对主题词"环境治理""区域环境治理""东北亚环境治理"的检索，大概了解了东北亚区域环境合作治理的研究成果数量、研究内容、研究方法以及发表的期刊等方面的信息，然后对相关文献进行了梳理和归纳总结。

1.3.1　国内研究现状

1.3.1.1　国内研究现状梳理

由于本书的研究对象是区域环境治理机制的构建，因此通过查阅中国知网数据库（截至 2020 年末），以"环境治理""区域环境治理""东北亚环境治理"等主题词进行文献交叉检索。

（1）以"环境治理"和"全球环境治理"为主题词进行文献检索，从核心期刊中按照相关度选取论文，结果如图1-1和表1-1所示。

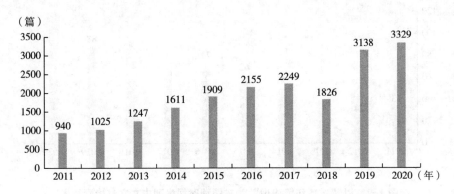

图1-1 以"环境治理"为主题词时间序列中文文献检索结果

表1-1 主题词"全球环境治理"相关度高的中文文献检索结果

序号	文献作者	文献题目
1	全永波	全球海洋生态环境治理的区域化演进与对策
2	崔盈	核变与共融：全球环境治理范式转换的动因及其实践特征研究
3	刘雯	构建全球环境利益共同体的使命与路径
4	于宏源、王文涛	制度碎片和领导力缺失：全球环境治理双赤字研究
5	姚荣	全球环境治理视域下国际气候政策转移的影响与应对策略
6	刘小林	日本参与全球治理及其战略意图——以《京都议定书》的全球环境治理框架为例
7	谢来辉	全球环境治理"领导者"的蜕变：加拿大的案例
8	王彦志	非政府组织参与全球环境治理——一个国际法学与国际关系理论的跨学科视角
9	徐步华、叶江	浅析非政府组织在应对全球环境和气候变化问题中的作用
10	卢静	透析全球环境治理的困境
11	潘亚玲	论全球环境治理的合法性——一项结合政治学、法学和社会学的尝试
12	薄燕	全球环境治理的有效性
13	张骥、王宏斌	全球环境治理中的非政府组织
14	王宏斌、陈一兵	论全球环境治理及其历史局限性——国际政治的视角
15	张杰、张洋	论全球环境治理维度下环境NGO的生存之道

（2）以"区域环境治理"为主题词进行文献检索，结果如图1-2所示。

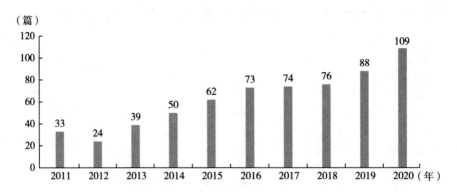

图1-2 以"区域环境治理"为主题词时间序列中文文献检索结果

从图1-2中可以看出，学者对区域环境治理的研究成果数量呈上升态势，对环境问题的关注度非常高。为了研究的需要，笔者进一步缩小主题词范围，以主题词"跨界污染治理""区域环境治理机制"进行文献检索，结果发现文献更少。表1-2梳理了与"跨界污染治理机制"相关的文献研究。

表1-2 主题词"跨界污染治理机制"中文文献检索结果

序号	文献作者	文献题目
1	石蒙蒙	跨界水污染的府际协同治理机制研究综述
2	姜珂、游达明	基于区域生态补偿的跨界污染治理微分对策研究
3	何玮、喻凯、曾晓彬	粤港澳大湾区水污染治理中政府跨界协作机制研究
4	黄策、王雯、刘蓉	中国地区间跨界污染治理的两阶段多边补偿机制研究
5	高道军	淮河安徽流域跨界水污染治理机制研究
6	陈坤	长江流域跨界水污染防治协商机制的构建探讨
7	王圣君、刘奕	构建我国跨界水污染合作协调治理机制研究
8	唐国建	共谋效应：跨界流域水污染治理机制的实地研究——以"SJ边界环保联席会议"为例
9	杜微	跨界水污染的府际协同治理机制研究综述
10	德春、郭弘翔	长三角跨界水污染排污权交易机制构建研究

(3) 以主题词"东北亚环境治理"进行文献检索,结果如表1-3所示。

表1-3 以"东北亚环境治理"为主题词中文文献检索结果

序号	文献作者	文献题目
1	曲亚囡、刘一祎	东北亚共同体视阈下辽宁海洋经济高质量发展的法治化路径研究
2	薛晓芃	东北亚地区环境治理的路径选择:以中日韩环境部长会议机制为例
3	梁云祥、张家玮、吴焕琼	东北亚海洋环境公共产品的供给:理论、现状与未来
4	任晓菲、李顺龙	东北亚区域环境合作模式探析
5	张继平、黄嘉星、郑建明	基于利益视角下东北亚海洋环境区域合作治理问题研究
6	董亮	雾霾责任、环境外交与中日韩合作
7	任晓菲	中日韩环境问题与环境合作策略研究
8	于潇、孙悦	《巴黎协定》下东北亚地区应对气候变化的挑战与合作
9	石晨霞	区域治理视角下的东北亚气候变化治理
10	贡杨、董亮	东北亚环境治理:区域间比较与机制分析
11	薛晓芃、张罗丹	东北亚环境治理进程评估
12	孟晓	浅析东北亚环境合作现状与未来发展趋势
13	薛晓芃	东北亚环境治理现状——非国家行为体的作用评估
14	李雪松、衣保中、郭晓立	区域贸易与环境合作的博弈分析——以东北亚区域为例
15	薛晓芃、张海滨	东北亚地区环境治理的模式选择——欧洲模式还是东北亚模式?
16	杨晨曦	东北亚地区环境治理的困境:基于地区环境治理结构与过程的分析
17	蔺雪春	东北亚环境合作机制亟待加强

从现有的文献结果来看,研究东北亚环境治理的文章较少,研究内容主要集中在东北亚区域环境治理现状、问题和模式上。

1.3.1.2 全球环境治理的研究

我国学者关于全球环境治理的理论研究以俞可平教授为首,2015 年,他在《论国家治理现代化》一书中指出，所谓全球治理，是指通过具有约束力的国际规制和有效的国际合作，解决全球性的政治、经济、生态和安全问题，以维持正常的国际政治经济秩序。俞可平教授将全球治理分为五个要素：全球治理的价值、全球治理的规制、全球治理的主体、全球治理的对象和全球治理的结果。全球环境治理的研究就是全球治理理论在生态环境方面的研究。

在全球环境治理的主体方面，更多学者关注除国家主体之外的其他主体在全球环境治理中的作用，在制度上提出环境治理只依靠国家主体的力量是不够的，认为环境非政府组织发挥着越来越重要的作用。张骥和王宏斌（2005）、徐步华和叶江（2011）指出，作为全球环境治理体系的重要组成部分之一，非政府组织在全球环境治理中发挥着日益重要的作用。王彦志（2012）认为，在全球环境治理中，非政府组织积极参与，利用竞争者、消费者、投资者、劳动者、供应链等市场权力杠杆和国内制度、国际制度的政治权力杠杆，影响和改变了环境领域的企业偏好、观念认知、身份认同和利益计算，帮助克服了企业环境社会责任的激励不足和消费者等利害相关者的信息不对称，增强了全球环境私人规制的有效性。张杰和张洋（2012）认为，环境非政府组织（NGO）是全球环境治理机制的重要一环，环境非政府组织在全球环境治理中面临着缺乏合法性资金来源、难以适应以国家为中心的全球环境治理框架、本身治理结构存有缺陷等现实难题，要在全球环境治理中进一步发展与壮大，应积极处理好与国家政府间和国际组织的关系，并适时解决自身存在的诸多问题。

在全球环境治理的对象方面，学者更多地关注海洋环境污染的治理，研究主要从全球海洋治理的理论框架和海洋治理面临的挑战方面开展。刘建飞和袁沙（2019）认为，全球治理作为与全球化相伴而行的事物，在取得成就的同时也存在很多问题，全球治理存在五大困境：目标层级冲突、治理主体合作困境、全球问题复杂性与频发性交织、治理机制合法性与代表性不足以及全面系统的全球治理评估体系缺失。他们认为只有破除这五大困境，才能使全球治理行稳致远。刘曙光等（2019）认为，全球海洋公域治理面临着诸多挑战，为了实现全球海洋公域治理，应该打破传统的海洋治理体制，建立一个以全球海洋公域为对象的国际组织。全永波（2017）从社会公共管理视角分析了海洋环境治理存在的问题，指出应从困境、影响因素、主体要素等方面进行分析，形成海洋环境区域治理的逻辑基础，进而通过构建主体间的信任机制、实施跨国家的"区域海"制度、完善海洋污染刑法规范等措施，提高海洋环境跨区域治理的制度化水平。全永波（2019）认为，全球海洋生态环境治理方式存在合作不足、治理碎片化等问题，应体现整体性治理理念，关注国家责任和区域海洋治理的现实性，审视现有全球海洋生态环境治理规则的重构，进而完善多层级海洋生态环境治理机制。

1.3.1.3 区域环境治理的研究

国内学者关于区域环境治理的研究包括两个方面的内容：一是一国内部跨行政区域的区域环境治理，二是跨国界的区域环境治理。

（1）一国内部跨行政区域的区域环境治理。我国关于国内跨行政区域的区域环境治理主要集中在长三角地区和京津冀地区，学者大多认为区域环境治理存在法律法规不完善、协同治理体系不健全、权责划分不明确等急需解决的问题。赵来军等（2005）根据我国流域跨界水污染实际情况，建立了排污权交易调控的 Stackelberg 动态博弈模型，但这一动态博弈模型的适用范围只是在一国内部，面对跨国污染就略显无力了。虞锡君（2015）分析了长江三角洲地区水环境治理的突出问题，认为长江三角洲地区水环境治理必须坚持江海水环境治理一体化理念，构建长江三角洲跨省份泛流域水环境综合治理省部际联席会议制度，创建"三位一体"的江海水环境治理合作机制，即区域入江入海污染物通量监测机制、水环境区域补偿机制和泛流域水质交易机制。

顾湘（2018）认为，我国区域海洋环境治理仍存在现行法律法规不完善、立法与执法不协调、法律与政策不协调、地区之间不协调、海洋环境治理主体复杂且权责不清、海洋环境治理技术创新与人才储备不足等现实困境。借鉴美国、澳大利亚及欧洲丰富的区域海洋治理经验，我国应完善并细化相关法律法规及政策，统一修改重复或可能有歧义的条文；建立有实效的协调机制，组建区域海洋环境政策委员会；加大海洋环境科技创新力度，强化海洋科技人才队伍建设。

孙振清等（2020）基于 2010～2017 年京津冀部分城市面板数据，采用 ESDA 方法对区域碳减排力度和环境治理水平进行了空间相关性分析，同时利用动态空间杜宾模型实证检验了碳排放量对环境协同治理能力的空间溢出效应，并进一步采用中介效应模型分析提高区域碳减排水平对提升地区环境质量影响的作用机制。研究发现：京津冀区域碳排放的降低可协同提高环境治理水平，且对邻近地区存在空间溢出效应；进一步的作用机制结果表明，碳排放的降低主要通过提高环境治理水平和绿色技术创新水平来提升地区环境质量，且环境治理水平与绿色技术创新水平均在 1% 的水平上显著为正，显著性较高。基于此，应从提高京津冀及周边地区大气污染治理政策协同治理强度、发挥绿色技术创新水平和加大环境规制力度等方面提出相应的政策建议，以实现地区绿色、高质量发展。

（2）跨国界的区域环境治理。关于跨国界区域环境治理的研究，我国学者主要集中在污染产生的原因、跨界污染的损害，以及跨国界区域环境治理需要摆脱传统的治理方式和建立全球环境治理体系等方面。

王艳等（2005）基于博弈论的研究方法分析了跨界污染产生的原因，提出应当建立国际环境合作联盟，加大对跨界环境污染的监控力度，进而提升国际环境协议的执行力，促进解决跨界污染问题。

丁丽柏和龙柯宇（2006）以 2005 年松花江水污染事件为例，表明现行立法在跨界污染损害责任制度方面存在诸多欠缺和不足，认为科学界定跨界污染损害概念，导入严格责任制度，确立国家责任的特点、适用范围、主体和形式，完善相关的预防和赔偿机制，是各国间处理跨界污染事件的有效途径。

王曦和杨华国（2007）基于松花江污染事件的跨界污染损害，提出跨界污染损害赔偿有国家赔偿、国际民事赔偿以及外交谈判和协商三种基本的方式，认为基于法律解决国家赔偿和国际民事赔偿的选择不是最佳的，而基于外交解决的谈判和协商才是中俄双方应当采取的妥善的解决办法。

秦天宝和许文婷（2010）对争端避免的概念进行了辨析，指出传统的机制应对国际环境问题的不足，以及国际环境法理念和基本原则的发展为国际环境争端避免机制的产生奠定了基础，同时指出历史的经验与教训都表明，在应对跨界污染争端时，如何避免它比如何解决它更有意义。

梅菲（2018）根据当前亚洲地区的越境空气污染现状，梳理了亚洲地区在合作治理越境空气污染问题中的合作框架、合作项目、资金筹措、信息收集与交流的现状，分析其缺陷和不足。同时，通过借鉴和分析北美地区以及欧盟地区的经验，提出了完善亚洲地区越境空气污染国际合作机制的建议：①整合亚洲地区越境空气污染治理的合作框架；②优化亚洲地区越境空气污染合作治理的管理体制；③增强亚洲地区越境空气污染的数据和信息交流；④拓展亚洲地区空气污染治理的合作项目范围；⑤深化亚洲地区越境空气污染防治的民间合作；⑥加大对亚洲地区内低碳和空气污染控制项目的投资和融资力度。

全永波（2020）认为，海洋环境治理的区域化倾向造成了环境治理的去全球化状态，以联合国为中心的治理体系发挥作用有限，不利于基于整体性理论下全球海洋生态环境治理体系的构建。因此，需要整合全球海洋生态环境治理体系中存在的多层次利益诉求，通过形成全球海洋治理理念，建立"全球—区域"统一的治理规则，进一步完善全球海洋生态环境治理体系。

马银福（2021）认为，东盟的环境治理尚未摆脱以国家为核心的传统治理模式，区域间缺乏有效的协调与合作，导致治理成效不佳。东盟治理能力不足、缺乏有效的危机应急管理机制、区域意识淡薄、区域合作治理意志与决心不强、集体行动迟缓，说明东盟仍只是一个相对松散的国家联盟。因此，如何协调政治—安全、经济、社会—文化三大支柱之间的关系，实现经济与环境的可持续发展，东盟还有很长的路要走。

1.3.1.4 东北亚区域环境治理的研究

进入 21 世纪，随着经济全球化和区域一体化的发展，我国学者也开始对东北亚区域环境问题进行研究，研究的内容包括环境污染的现状、环境合作状况、环境问题产生的原因、环境与经济的关系以及环境治理机制等。张海滨（2000）回顾了东北亚区域环境污染问题以及环境合作的现状，并提出东北亚区域环境合作存在资金问题和立场不同的局限，认为 21 世纪东北亚区域环境合作会进一步加深。

徐嵩龄（2002）对中国与东北亚其他国家双边和多边环境合作情况进行了分析，并对双边和多边环境合作举措进行了评价。

赵光瑞（2003）认为，东北亚环境问题日趋严重，从其根源来看，除了政府与市场在解决环境问题上的失灵以及不发达等带有普遍性的因素，特定的东亚模式也是重要的原因，以重化学工业为起点的产业发展战略和以企业为中心的社会结构导致政府环境政策严重滞后，而自上而下的决策方式又使政府的环境政策缺乏监督。同时，非法的污染转移也是导致该地区发展中国家环境日益恶化的不可忽视的因素。

陈英姿（2006）将东北亚区域环境合作与振兴中国东北地区相联系，分析了中国东北地区与东北亚各国自然资源差异明显、互补性强等特点，认为可以利用东北亚区域经济合作的优势加强东北亚区域环境合作，加快东北经济结构调整，拓展东北经济发展空间。

郭延军（2007）从东北亚环境安全入手，探讨地区环境安全合作能否成为缓解安全困境、增强国家间互信、促进地区合作与和平的有效手段与途径。他认为要促进东北亚安全形势的积极变化，必须实现地区权力的分享、地区制度的创设以及共同规范与认同的形成，东北亚地区可以被视为一个"环境安全复合体"，以此为基础，将东北亚的环境安全议程纳入东亚整体的地区主义合作进程之中予以考量，通过环境领域的制度化合作，促进国家间的互信，缓解安全困境，推动地区安全与和平进程，从而为实现地区共同体目标奠定基础。

许冬兰（2008）评述了东北亚区域跨界污染现状与环境合作举措，认为现有的环境合作仅停留在方案、会议层面，合作机制较为松散，应建立环境合作基金以及环境预警系统，构建区域环境共同体，使东北亚多边环境合作制度化。

佟新华（2009）认为，清洁发展机制的发展为东北亚环境合作带来了新机遇，促进了环境融资和环境技术的国际转移，推动了区域环境合作的发展，并缓解了能源压力、改善了环境质量。东北亚区域应充分利用碳基金来降低风险，开发节能和提高能效的方法，构建东北亚清洁发展机制双边或多边合作机构，以促进各国间的信息交流，推动东北亚清洁发展机制环境合作的深入发展。

尚宏博（2010）对东北亚区域现有的六个主要环境合作机制进行了评述，指出东北亚区域环境合作缺乏统一的协调机制，合作项目相对分散、合作内容交叉重叠，导致东北亚区域环境合作存在各种现实问题。

郭锐（2011）在国际机制的视角下，认为共同利益、依赖路径、机制内容和机制效能是评估东北亚区域环境合作机制的四大基础要件，应大力推进和不断深化东北亚环境合作机制建设，以区域内各国在环境领域的共同利益为基础，顺畅环境合作方面的依赖路径，进一步完善地区环境合作机制的框架和内容并切实发挥其效能。

董亮（2017）认为，中日韩三国环境合作已开展了20多年，但其治理的机制化进展缓慢。近年来，日韩利用跨界大气污染议题向中国施压，导致中国的环境外交出现被动情况。日韩欲使中国承担"责任"，并要求中国在区域环境合作中提供更多的公共物品。然而，由于保护大气在国际法和科学上的复杂性，没有单一的手段或制度能够解决跨界空气污染问题。将空气议题过度政治化，可能会导致治理失灵和非机制化，这种做法无助于次区域环境治理。在应对复合型污染源导致的长距离空气污染问题上，一些国际环境法原则如"污染者付费"实际上难以发挥有效作用。因此，中日韩应强化共同参与、预防性原则与可持续发展的国际规范，避免以"雾霾责任"为施压方式，从而提升区域环境合作的有效性。

刘艳和王语懿（2018）认为，中日韩三国是东北亚地区的重要国家，虽然社会制度与发展阶段不同，但是三国在生态环境方面存在共同利益。在沙尘暴、大气污染、海洋污染等环境问题严重影响各国经济社会可持续发展的情况下，深入开展以中日韩环境部长会议为中心的环境合作，打造中日韩环境治理责任共同体、行动共同体，构建互利共赢、共同发展的环境利益共同体，是解决东北亚区域环境问题的重要途径。中日韩环境合作20多年来的成功实践为东北亚区域环境合作奠定了坚实的基础，为推动构建中国周边命运共同体开辟了道路。

王豪（2022）认为，日本福岛核废水事件使东北亚区域环境治理问题再次引起国际社会的广泛关注，合作动力机制的不健全已成为制约区域环境治理能力的重要问题。东北亚各国对环境治理合作的动力源开发在国家层面已经达成共识，但囿于经济社会发展不平衡与安全利益的切割，导致区域内各国对环境治理的关注重点与利益诉求不尽相同，阻碍了东北亚环境治理合作水平的进一步提升。

1.3.2　国外研究现状

1.3.2.1　国外文献的搜集与数理

关于区域环境治理机制的国外研究进展，2020 年末利用 Web of Science 数据库，分别以"Global Environmental Governance""Regional Environmental Governance""Regional Environmental Governance Mechanism"为主题词进行文献的搜集和整理。

（1）以"Global Environmental Governance"为主题词进行英文文献检索，结果如图 1-3 所示。

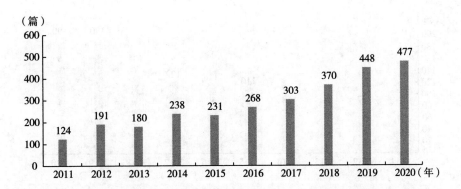

图1-3 以"Global Environmental Governance"为主题词时间序列英文
文献检索结果

与国内全球环境治理的研究相比，近年来国外对全球环境治理的研究
文献数量相对较少。关于全球环境治理的相关研究论文发表比较分散，主
要在可持续发展、全球环境治理、环境科学政策、生态与社会等方面的期
刊中，如表1-4所示。

表1-4 以"Global Environmental Governance"为主题词英文文献检索结果在
期刊中的分布情况

期刊	数量（篇）	比重（%）
Sustainability	158	4.8
Global Environmental Politics	116	3.5
Global Environmental Change Human and Policy Dimensions	92	2.8
Environmental Science & Policy	83	2.5
Journal of Cleaner Production	79	2.4
International Environmental Agreements：Politics，Law and Economics	72	2.2
Ecology and Society	69	2.1

（2）以"Regional Environmental Governance"为主题词进行英文文献
检索，结果如图1-4所示。由图可知，近年来关于区域环境治理的研究成
果数量一直呈上升趋势。

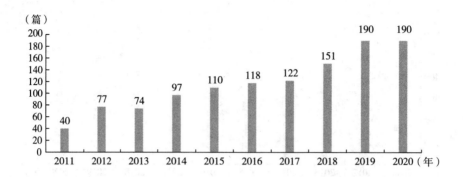

图1-4 以"Regional Environmental Governance"为主题词时间序列英文文献检索结果

关于区域环境治理的研究，从学科分布来看，主要在环境学、经济学、地理学、法学等学科，论文主要集中在 *Sustainability*、*Marine Policy*、*Environmental Science & Policy*、*Land Use Policy* 等期刊中，如表1-5所示。

表1-5 以"Regional Environmental Governance"为主题词英文文献检索结果在期刊中的分布情况

期刊	数量（篇）	比重（%）
Sustainability	60	4.4
Marine Policy	46	3.4
Environmental Science & Policy	44	3.3
Land Use Policy	40	3.0
Journal of Cleaner Production	37	2.7
Ecology and Society	22	1.6
Ocean Coastal Management	22	1.6

（3）以"Regional Environmental Governance Mechanism"为主题词进行英文文献检索，文献数量比较少，而以"Regional Environmental Governance in Northeast Asia"为主题词进行英文文献检索，结果如表1-6所示。

表 1-6 以 "Regional Environmental Governance in Northeast Asia"

为主题词英文文献检索结果

序号	文献作者	文献题目	期刊
1	Chung S Y	Strengthening regional governance to protect the marine environment in Northeast Asia: From a fragmented to an integrated approach	*Marine Policy*
2	Choi Y	Regional Cooperation for the Sustainable Development and Management in Northeast Asia	*Sustainability*
3	Choi Y	Challenges of Asian Models and Values for Sustainable Development	*Sustainability*
4	Otsuka K, Cheng F T	Embryonic forms of private environmental governance in Northeast Asia	*Pacific Review*
5	Kim H R	Globalization, NGOs, and environmental governance in Northeast Asia	*Korea Observer*
6	Wirth C	Ocean governance, maritime security and the consequences of modernity in Northeast Asia	*Pacific Review*
7	Elliott L	Environmental regionalism: moving in from the policy margins	*Pacific Review*
8	Kim I	Messages from a middle power: participation by the Republic of Korea in regional environmental cooperation on transboundary air pollution issues	*International Environmental Agreements: Politics, Law and Economics*
9	Yoshimatsu H	Regional cooperation in Northeast Asia: searching for the mode of governance	*International Relations of the Asia-Pacific*

1.3.2.2 全球环境治理的研究

（1）全球环境治理理论的研究。全球环境治理是在全球治理理论的基础上发展的，随着环境问题在 20 世纪中期演变成全球性问题，其对人类社会的存在和发展提出了严峻的挑战。因主权国家的相对狭隘与政府能力的不足，环境问题的扩散性与跨界性，使国际社会将其作为一个整体来治理，进行所谓的"全球环境治理"。1992 年联合国环境与发展大会达成了全球环境治理的共识，认为可以通过各种组织、政策工具、融资机制、规则、程序和范式来规范和推动全球环境保护进程。Dockner 和 Van Long

（1993）的研究则强调，非合作状态下的纳什均衡应被视为一种自动调控机制，面对愈演愈烈的全球环境问题，应当成立类似于全球环境基金组织（GEF）的跨国机构来统一协调、共同解决环境问题。Lemos 和 Agrawal（2006）认为，环境治理是指通过干预使与环境相关的奖励措施、知识、机构、制度、决策和行为得以改变。Schreurs（2005）认为，环境治理是指一个社会解决污染问题、促进环境保护的途径，同时指出面临全球严重的污染和自然资源退化问题，环境治理是有效解决问题的途径。Juri ó（2019）认为，只在国家领土上应对环境污染是不够的，因为污染不受国界的限制。国家之间的合作至关重要。其通过分析克罗地亚与波斯尼亚和黑塞哥维那之间跨境环境污染的三个案例得出结论——两国都需要改善其环境政策，特别强调了政府间合作对实现更有效的跨境污染风险管理的重要性。

（2）环境与经济贸易的协调发展。随着环境治理问题研究的深化，全球环境治理体系已基本形成，现在的环境治理更加关注环境与经济贸易、社会的全面协调可持续发展。比如，世界自然保护联盟指出：要使管理贸易和环境的政策、规则和机构为建立更有效的可持续发展的机构框架做出贡献，国际社会将需要处理一系列问题，重点是政府、政府间组织、公民社会以及利用集团的参与，保障经济、社会和环境三者平衡的成果。国外学者对环境问题与经济发展的研究主要集中于跨国界区域环境污染与国际贸易之间的关系上，以及跨国界区域环境污染中的国际合作治理，且多集中于大气污染博弈方面。

Markusen（1975）通过分析静态模型，提出应该在遭受跨界污染时对造成污染的进口国相关商品实施惩罚性关税，认为这虽然是一种占优策略，但是贸易保护的措施极易引发双方的贸易战，也不利于贸易自由化的推行。

Copeland（1996）的观点则完全相反，他认为进口一种商品并同时承担该商品带来的污染，这本身就是一种占优策略；相应地，对其征收关税的最优税率也应该是一个固定值。由于跨界污染涉及多个国家，因此自然就会产生国家间是否需要合作以解决跨界污染的问题。尽管通过国际合作来治理跨界污染是十分必要的，但是如果在治理过程中应用统一的环境标准，则有可能扭曲双边贸易使整体福利受损。

Baksi 和 Chaudhuri（2008）建立了一个双边贸易框架，考察在跨界污染情况下，关税削减对最优污染税和福利的影响。他们认为在非合作均衡下，一国出于战略考虑会扭曲污染税，而贸易自由化能改变这种扭曲，从而改变污染税和福利水平。

Yanase（2009）运用博弈模型研究了在存在跨界污染的情况下两个国家在第三方市场上的竞争策略，比较了在处理跨界污染问题上排放税与命令控制的效率，结果表明从对社会福利的影响上看，排放税要比命令控制更加扭曲。

Bokpin（2017）使用 1990~2013 年非洲的面板数据调查了外商直接投资流入对非洲生态系统的影响，以便将非洲的外商直接投资流量置于 20 世纪 80 年代普及的可持续发展议程中。该研究表明，为使外商直接投资对环境的可持续性产生积极影响，需要建立强有力的治理和质量管理机构，以检查通过外商直接投资流动融资的企业行为。这项研究提供了经验证据，以指导治理和机构政策的制定，减少在可持续发展前提下外商直接投资对环境可持续性的负面影响。

1.3.2.3 东北亚区域环境治理的研究

关于东北亚区域环境治理问题，日韩学者的研究相对较早，但研究成果也相对较少。

韩国学者崔相哲和任明（1992）针对东北亚区域的环境污染与生态问题，提出应该以"各国家都可接受的方式"，"围绕特定问题"，"以某一特定区域为中心"，通过相互协商协作来共同解决。韩国学者金东烨和朱宰佑（1997）从阶段论的角度对东北亚区域经济增长与环境污染进行了关联分析，指出由于现行国际环境标准是由"发达国家主导的"，因此采取"牺牲者负担原则"可有效提升发展中国家参与区域环境合作治理的积极性。日本学者 Harashima 和 Morita（1998）在对中日韩三国进行比较研究以后，提出了如下结论：日本和韩国的经济发展差距为 21 年，而环境政策上的差距仅为 12~14 年；日本和中国的经济发展差距有 35 年以上，而环境政策上的差距仅为 21~24 年；相对于日本来说，更加快速，而且环境政策存在着相互趋同的倾向，这种"趋同倾向"的变化速度正随着中韩经济的迅速发展而日趋提升。Nam（2002）认为，尽管东北亚区域环境合作的动议很多，但是目前尚未形成有关环境合作的知识共同体，缺乏与环境问题相关的共同理解，这不利于区域环境合作的发展。

韩国学者 Kim（2014）从环境治理主体角度分析认为非政府组织在国家内部和国际领域的重要性日益提高，在东北亚区域环境治理中，非政府组织在一些方面可以替代国家主体，并提出了环境非政府组织在环境治理方面的区域合作发展战略。

韩国学者 Lee Eun-ju（2018）通过回顾中日韩三方环境部长会议的案例，探讨了从教育或学习理论角度进行国际环境合作研究的必要性，东北亚区域环境合作治理应形成区域共识。

1.3.3　国内外研究述评

在梳理国内外关于跨界污染的治理和东北亚区域环境治理方面的研究文献时发现，关于跨界污染的合作治理问题国内外学者都进行了大量的研究与探讨，其中国外学者主要集中在跨界污染与国际贸易之间的关系、跨界污染中的国际合作治理，以及环境污染的博弈方面。国内学者的研究更多集中在环境污染产生的原因、环境污染治理中局中人策略行为等方面，比较多地探讨了生产者与政府监管部门之间的策略选择问题，对环境治理中地方政府和中央政府之间的博弈则很少进行研究，研究方法主要侧重于静态的纯策略博弈方法。关于东北亚区域环境治理问题，国外学者主要为日韩学者，其研究的内容主要集中于中日韩三国之间的环境合作方面；而近年来，越来越多的国内学者也投入对这个问题的研究中，主要集中在东北亚区域环境合作机制、东北亚海洋环境污染、大气污染、区域环境恶化的原因等方面。已有研究为本书提供了借鉴和参考，为东北亚区域环境治理奠定了理论基础。综合分析国内外研究文献，笔者认为存在以下问题。

第一，在对区域环境治理的研究中，学者一致认为跨国界区域环境污染问题的解决超过一国的能力，需要区域内国家共同努力和共同治理，但在治理过程各个区域所面临的问题不尽相同，并没有一个行之有效的机制模式适合所有的区域环境治理。

第二，缺乏对区域环境治理非国家主体的研究。目前，学者研究还以国家主体为主，但非政府组织和社会公众在未来的环境治理中将会起到越来越重要的作用，区域环境治理机制会随着非政府组织和社会公众的深入参与有所变化，对非国家主体如何有效参与区域治理方面仍有待深入研究。

第三，缺乏对不同区域环境治理的比较研究。每个区域环境治理的背景不同，区域内各国历史、文化、经济发展等方面都不相同，各个区域的环境污染问题也不尽相同，在不同的制度环境下，形成的治理机制也存在差异性。因此，需要对不同区域的环境治理进行比较研究，构建区域环境治理完整的实证研究体系。

第四，缺少对现有环境治理机制有效性的研究。治理机制对环境污染的改善、对区域可持续发展等指标的改善是否有效，学者较少研究。本书的关注点是东北亚区域环境治理机制，这是对区域治理机制设计研究的开始。另外，关于东北亚区域环境治理机制的评估、东北亚区域环境一体化发展、东北亚区域环境治理机制的法律体系等都是需要继续研究的问题。

1.4 研究的主要内容及创新

1.4.1 研究的主要内容

本书以外部性理论、公共产品理论、全球治理理论、机制设计理论等作为研究的理论基础,在梳理大量文献资料的基础上,借鉴最新研究成果,以改善区域环境污染、区域可持续发展、构建有效的东北亚区域环境治理机制为目标,提出本书研究的逻辑思路。首先,在系统描述东北亚区域环境污染现状和环境治理现状的基础上,挖掘和归纳了近年来东北亚区域环境治理过程中存在的问题和影响治理的政治、经济、制度、文化等因素,指出东北亚区域环境问题存在治理的必要性和可行性。其次,从社会和经济两个方面分析东北亚区域环境问题的成因,对影响区域环境问题的因素进行相关性分析,进一步从经济学角度对环境污染进行经济分析,从而明确环境治理需要解决的主要问题。再次,分析借鉴欧盟区域环境治理和大湄公河次区域环境治理的经验。最后,在前面研究的基础上,探索构建东北亚区域环境治理机制的框架体系,明确东北亚区域环境治理机制的基本原则和设计目标、区域环境治理的对象、区域生态环境治理的主体,以及区域环境治理机制设计的方向,并深入分析了区域环境治理机制的运行和机制的保障措施。

本书共分为 8 章。

第 1 章为绪论。本章主要介绍了研究背景、研究目的及意义、国内外研究现状及评述、研究的主要内容及创新、研究的方法和技术路线。

第 2 章为相关概念界定及理论基础。本章主要对研究的相关概念进行界定,并介绍研究的理论基础。首先,界定区域与东北亚区域、环境与环境问题、区域环境问题与区域环境治理。其次，对研究的理论基础进行了详细阐述，即对外部性理论、公共产品理论、全球治理理论、机制设计理论、博弈论进行了阐述，为后续研究奠定了一定的理论基础。

第3章为东北亚区域环境治理的现状及问题。首先，系统地总结东北亚区域环境污染的现状、东北亚区域环境治理的现状，随后分析了东北亚区域环境治理存在的问题和东北亚区域环境治理的制约因素。其次，依据存在的问题和制约因素提出东北亚区域环境问题具有治理的必要性和可行性。区域内环境问题的恶化、环境治理问题产生的外溢效应、单边利益博弈带来的"囚徒困境"、区域的可持续发展都表明区域环境治理的必要性。跨国界环境问题的增加促进了环境治理理论研究的发展；"一带一路"倡议、中日韩自由贸易协定、区域全面经济伙伴关系协定的发展是区域环境合作治理的前提，科技的发展为环境治理提供了技术支持，这些都为东北亚区域环境治理发展提供了条件。

第4章为东北亚区域环境污染成因分析。东北亚区域环境污染的产生离不开东北亚经济社会发展的大环境，首先分析工业化与环境、人口与环境、城市化与环境、森林覆盖率与环境，为后续的实证分析打好基础。其次，从经济学角度分析区域环境污染产生的原因，利用空间面板数据分析环境污染与区域经济、贸易、人口、城市化水平、森林覆盖率之间的关系，并进行经济分析。

第5章为跨国界区域环境治理的经验借鉴。本章选取了两个具有代表性的区域环境治理的案例。欧盟作为世界一体化程度较高的区域性国际组织，在区域环境治理方面具有较为完善的管理机构，具有约束力的法律体系，其合作机制值得其他区域借鉴。大湄公河次区域环境合作机制是发展中国家区域环境合作的代表，也是亚洲区域合作的典范，已经设立了一系列法律法规，同时初步建立了以项目推进区域环境的合作机制。通过对两个案例的梳理，以期为东北亚区域环境治理提供经验借鉴。

第6章为东北亚区域环境治理机制的构建。本章提出东北亚区域环境协同治理要遵循国际环境治理一般性原则、区域可持续发展原则以及协同治理与属地治理相结合的原则，建立区域环境协同治理的目标和对象，明确区域环境治理的主体，确定区域环境治理机制设计的重点，在此基础上构建东北亚区域环境治理机制，从沟通协调机制、协同管理机制、监督约束机制、社会参与机制四个方面设计东北亚区域环境治理的机制框架。

第 7 章为东北亚区域环境治理机制的运行。首先，阐述了东北亚区域生态环境治理机制的运行以更新治理理念为前提，以创新环境政策、构建治理机制为核心，以完善区域法律、设置合作机构为保障的总体思路。其次，分析治理机制运行各主体的定位，提出沟通协调机制的运行需要建立负责沟通协调的秘书处，定期召开区域环境治理国际会议，加强环境治理机制与其他相关机构的对接；协同管理机制的运行需要区域内设立环境协同治理的组织机构，加强突发跨界环境事件的应急协作，对于环境利益受损的主体实行利益补偿；监督约束机制的运行需要建立区域环境监测预警平台、环境信息共享平台和多元监督体系；社会参与机制的运行要从企业、非政府组织和公众三个角度进行分析。

第 8 章为东北亚区域环境治理机制保障措施。东北亚区域生态环境治理的目标就是改善区域生态环境，实现区域可持续发展。东北亚区域环境协同治理机制是需要保障措施的，本章从制度保障、资金保障、技术保障三个方面讨论东北亚区域生态治理机制保障措施。

1.4.2 研究的创新之处

1.4.2.1 选题较为新颖

近年来，东北亚区域内跨国界环境污染问题频发，环境治理问题也越来越受到关注。对东北亚区域合作专题的研究主要侧重于政治合作、经贸合作和安全合作等领域，以环境治理角度切入的研究相对匮乏，本书的研究将进一步丰富东北亚区域治理问题的研究，也从环境治理角度对东北亚专题合作研究进行了进一步的丰富和完善。

1.4.2.2　综合运用经济学理论与实证分析等方法，对东北亚环境污染成因进行深入剖析

在深入分析东北亚区域环境污染的经济社会原因的基础上，从经济学的视角，分析环境污染与区域经济、贸易、人口、城市化水平、森林覆盖率之间的关系。研究说明经济发展与环境污染之间呈倒"U"形关系，经济增长是东北亚地区环境污染的主要源泉，森林覆盖率与二氧化碳排放之间存在负向关联，因此东北亚地区森林覆盖率的提高在一定程度上会减缓二氧化碳的排放污染；东北亚地区城镇化水平与二氧化碳排放之间存在明显的正相关关系，即东北亚地区各个国家的城镇化水平越高，环境污染问题越严重。本书为区域污染问题研究提供了全新的角度，在环境经济学和区域经济学的理论研究，以及对区域污染治理的实践指导方面具有创新性。

1.4.2.3　提出了东北亚区域生态环境治理的基本框架，具有较好的创新性

基于全球治理理论、机制设计理论等，结合区域环境治理存在的问题，指出区域环境治理的重点，将区域环境治理机制分为构建沟通协调机制、协同管理机制、监督约束机制和社会参与机制。本书的研究为东北亚区域环境治理研究奠定了理论和实证基础，具有较好的理论指导和实践操作指引作用：从东北亚区域环境治理机制构建、东北亚区域环境治理机制运行、东北亚区域环境治理机制保障三个方面构建了东北亚区域环境治理的框架，具有创新意义。

1.5 研究的方法和技术路线

1.5.1 研究的方法

1.5.1.1 文献法

主要采用国内外政府相关政策文件、理论文献以及收集与研究相关的背景资料和统计数据，保证扎实的文献基础。一是检索国内外相关研究动态，掌握相关研究的最新进展；二是收集与本书研究相关的外部性理论、公共产品理论、全球治理理论等作为研究的理论依据；三是查阅、提炼、总结其他区域环境治理的经验和主要模式；四是收集东北亚各国经济、贸易、人口、城市化率、二氧化碳排放等数据，为实证分析提供数据支持。

1.5.1.2 经济学方法与多学科方法相融合

立足经济学视角，综合经济学、环境经济学、管理学、国际关系学的理论与思想，运用公共经济学、环境经济学等分析方法以分析区域环境污染的根源。

1.5.1.3 理论与实证相结合

分析东北亚区域跨界污染与环境合作的现状，结合实证分析结论以及全球治理理论和协同治理理论，构建东北亚区域环境协同治理机制，并提出相应的实现路径。

1.5.1.4 系统分析法

系统分析法是研究区域环境治理的重要方法。系统分析区域环境问题，将区域环境与经济作为一个整体来研究，通过跨学科的系统观点分析人类社会对环境系统的影响。区域环境治理机制的形成与发展同样是系统性问题，本书对区域环境治理的研究也是在全球环境治理的大系统下进行的。

1.5.2　研究的技术路线

研究的技术路线如图 1-5 所示。

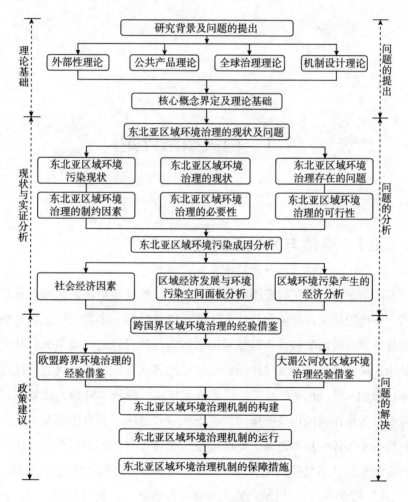

图 1-5　研究的技术路线

❷
相关概念界定及理论基础

2.1 相关概念界定

2.1.1 区域与东北亚区域

不同的学科对区域有着不同的概念界定。地理学科认为区域是地球表面的一个地理单元；经济学科认为区域可以理解为一个在经济上相对完整的经济单元；政治学科认为区域是国家实施行政管理的行政单元；社会学科认为区域是具有人类某种相同社会特征的聚居社区。美国著名区域经济学家埃德加·M. 胡佛认为，区域是基于描述、分析、管理、计划或制定政策等目的而作为应用性整体加以考虑的一片地区。所有的定义都把区域概括为一个整体的地理范畴，因而可以从整体上对区域进行分析。正是区域内在的整体性需要我们更多地考虑区域内各部分之间的协调关系问题。

黄森（2009）对于区域内涵的理解可以通过层次进行划分，可以分为"区域"、"次区域"和"跨区域"三个层次。区域是指洲际之内由民族国家结合各国的规则形成的组织联合体，如"欧盟""东盟""北美自由贸易区"等；次区域是指较小范围的，被认可为一个单独经济区域的跨国界或跨境的多边经济合作，如图们江地区的次区域经济合作、澜沧江—大湄公河地区的次区域经济合作等；跨区域则是跨洲的区域，如"亚欧"等。

区域环境治理中的区域不仅可以是由几个行政单元组合而成的地域，还可以是一条河流流经的地域，同样也可以是同一语系包括的地域。这里的区域既可以是地球表面一个连续的地理单元，也可以是不连续的地理单元。区域环境治理中的区域可以理解为基于一定自然、经济、政治、文化等因素而联系在一起的地区。而本书分析的区域是一个基于行政区划又超越国家和行政区划的经济地理概念，亦即国际范围的区域，而非一国之内的区域。

张蕴岭（2004）认为，目前学术界对于东北亚区域的地理范围并没有统一的认识，大致存在三种观点：第一种观点认为，东北亚区域是指朝鲜半岛、日本、俄罗斯远东地区、蒙古国和中国的东北三省。第二种观点认为，东北亚区域范围除了朝鲜半岛、日本、蒙古国，还应包括俄罗斯远东地区和东西伯利亚、西西伯利亚、中国。这两种观点对"东北亚"的理解是指亚洲的东北部地区，其关于东北亚的界定可称为"大东北亚"。第三种观点认为，"东北亚"指的是东亚的北部地区。如果按"东亚"来划界，那么其就不包括俄罗斯，因为俄罗斯在传统上属于欧洲国家，尽管它横跨欧亚两大洲。

本书是对东北亚区域内以国家为主体的环境治理进行理论探讨和实证分析，研究的东北亚以地理范畴划定，按照"大东北亚"的范畴将东北亚区域界定为中国、日本、俄罗斯、朝鲜、韩国和蒙古国六个国家。

2.1.2　环境与环境问题

Word Bank（1992）在《治理与发展》报告中认为：环境一词在不同语境和不同学科中的含义各不相同。在生态学中，环境指以地球生物为中心，环绕生物界的外部空间和无生命物质，是生物赖以生存的条件，如空气、水等其他无生命物质，即以生物为中心的物质环境。在环境科学中，环境是以人类为中心，以物质为基础的环境，具体指人群周围的环境及其中可以直接、间接影响人类生活和发展的各种自然因素和人工的总体，包括自然因素的各种物质、现象和过程及在人类历史中的社会、经济成分，即人类环境。在法学上，学者多以人类为中心来定义环境，指人类环境。在国内法和国际法文件中，法学的环境概念有四个特征：①物质性，即环境是作为对人类的生存和发展有影响的自然因素的总体，如阳光、空气、水、动植物等客观存在物。②自然性，即环境是作为人类生存的自然条件而存在的，这些自然条件表现为一定的自然要素。③生态性，即环境中的自然因素包含在生态系统中，生态系统是自然界中由生物群体和一定的空间环境共同组成的具有一定结构和功能的综合体系。地球生物圈是地球上最大的生态系统。在生态系统中，各环境要素之间通过物质循环、能量流动和信息传递而构成一个不可分割的整体，并形成动态平衡。④区域性，即环境具有不同的层次，不同层次的环境分布在不同的区域，呈现不同的状态，其结构方式、组织程度、能量物质流动规模和途径、稳定程度等都有一定的特殊性，因而在保护及对环境的管理中要区别对待。环境的定义包括了自然资源，自然资源是环境的重要组成部分。自然资源包括土地、森林、草原和荒漠、物种、陆地水资源、河流、湖泊和水库、沼泽和海涂、海洋矿产资源、大气以及区域性的自然环境与资源等。本书所指的环境为东北亚区域的生态环境。

环境问题是指由于自然因素或人类活动而引起的环境质量下降或生态失衡，对人类的社会经济发展、身体健康和生命安全以及其他生物产生有害影响的现象。根据引发环境问题的原因，将环境问题分为原生环境问题和次生环境问题两大类。原生环境问题又称第一环境问题，主要是由自然因素如海啸、飓风、"厄尔尼诺"和"拉尼娜"等造成的环境变化，如气候变化、环境质量恶化、生态系统破坏等现象。次生环境问题又称第二环境问题，主要是由人类活动引起的环境污染，是人类不遵循自然规律、不合理开发利用自然资源的结果。人类活动对环境的影响既有广度又有深度。原生环境问题具有发生频率低、分布范围小、对全球整体生态系统影响相对较小的特点，但由人类活动所造成的次生环境问题具有数量多、分布范围广、对生态系统的负面影响严重的特点。由于人类活动范围的不断扩张，自然力和人力之间相互作用和相互交织，在很多情况下，一些由自然原因所引发的原生环境问题与人类对自然的破坏存在着密切相关性。环境问题的产生，是自然原因和人为原因相互交织共同产生的结果，原生环境问题和次生环境问题往往无法真正分开。

2.1.3 区域环境问题与区域环境治理

本书所提出的区域环境问题主要是指从国际角度划分的区域，由于国土、河流、海洋等的交集以及区域性的气候等所带来的、共同存在的环境问题。这些环境问题既是各个区域国家内部环境问题，同时也构成了全球环境问题的一部分。由于区域相连，这些环境问题的产生和发展涉及区域内各个国家的生产和生活，因此这些问题的治理更需要区域内的所有国家协商、协调、协同才能完成，这样区域环境问题才能够得到有效的遏制和解决，并走上良性发展的轨道。

区域环境治理是指区域内国家采取共同的行动和政策，共同应对区域环境问题所带来的挑战，通过区域内多边、全方位合作以解决区域环境问题。"治理"这个概念产生于20世纪80年代，世界银行在1989年发表了《撒哈拉以南非洲：从危机走向可持续发展》，最早提出"治理"这一概念（Word Bank，1992）。全球治理委员会在《我们的全球伙伴关系》研究报告中对治理做出了如下界定："治理是各种公共的、私人的个人和机构管理其共同事务的诸多方式的总和。它是使相互冲突的或不同的利益得以调和并采取联合行动的持续过程。"

为了应对各种环境危机，需要通过制度安排促进一种集体行动，保护人类社会赖以生存和发展的生态环境。环境治理就是从这一思路出发的，针对环境问题进行的一种社会化管理行为，是各种公共与私人机构或利益相关方，为了促进自然资源和生态环境的可持续利用，共同进行决策并行使相关权利与履行义务的过程，环境治理涉及如何进行环境决策和由谁来决策等问题（黄韬，2015）。环境治理的决策主体可以是一个国家的政府部门，也可以是国际社会、各国政府或其他公共和私人机构。环境治理实际上是一般的治理范式在环境领域中的应用，内容包括环境治理主体结构、治理机制、治理原则、治理目标、治理绩效等。环境治理是一个综合的概念，除了要考虑环境承载能力状况，还要考虑经济发展以及生态环境、自然资源、人口和文化等社会需求。从地域来看，环境治理包括全球环境治理、区际环境治理、国际环境治理、国家环境治理、地区环境治理和社区环境治理等；从环境要素来看，环境治理包括对森林、草原、海洋、水环境、大气环境等的治理。

区域内跨国界环境问题的解决已经不是一国政府能独立完成的，因此需要区域内以国家为主的行为体以及企业、非政府组织、社会公众通过参与来共同解决。区域环境治理是国家治理在全球范围内的延伸，区域环境治理的出现是区域一体化发展到一定阶段的产物。在解决区域环境问题的实践中，任何国家或组织是无法单独完成的，因为区域内各国无力承担全部的区域环境公共产品。因此，提供公共产品需要建立合作，开展区域环境治理要通过合作的方式来进行。区域环境治理主要是通过建立正式或非正式的制度，以条约、协议等形成一种机制。区域环境治理机制就是由相应的条约、协议、组织所形成的管理体系。蔺雪春（2006）认为，治理机制是国际社会行为体（主要指主权国家和国际社会组织）在解决日益严峻的环境危机过程中建构起来的一系列制度化（正式和非正式）的组织机构和程序，主要由结构主体、议题领域、作用渠道、原则规范、操作方式构成。区域环境治理不仅是区域发展的重要内容，也是全球环境治理的重要组成部分。

2.2 理论基础

2.2.1 外部性理论

2.2.1.1 外部性的概念

外部性是指一种消费或生产活动对其他消费或生产活动产生不反映在市场价格中的直接效应，是市场失灵的一种表现。当某一个体的生产或消费决策无意识地影响到其他个体的效用或生产可能性，并且产生影响的一方又不对被影响方进行补偿或收益时，便产生了所谓的外部效果，简称外部性。外部性的产生是一种经济行为的附属属性，是非故意的。作为市场失灵的一种重要形式，外部性造成的经济后果是私人成本或收益不同于社会成本或收益，实际价格不同于最优价格。

2.2.1.2 外部性的类型

（1）正外部性和负外部性。根据外部性影响的结果，可将外部性分为正外部性和负外部性。正外部性又称外部经济，即当一个经济实体行为对外界产生无回报的收益时，也就是社会收益大于私人收益，如治理水源、植树造林等。负外部性又称外部不经济，即当一个经济实体行为对外界产生无回报的成本时，也就是社会成本大于私人成本，如大气污染、草原过度放牧等。在现实生活中，负外部性现象比正外部性现象更为常见，环境的负外部性是环境问题产生的重要原因。

（2）生产的外部性和消费的外部性。根据外部性影响的产生者不同，可将外部性分为生产的外部性和消费的外部性。生产的外部性是指在生产过程产生的外部性问题，而消费的外部性是由消费行为所导致的外部性问题，比如生产和生活的污水排放就分为生产和消费的负外部性。与生产的外部性相比，消费的外部性更具有分散性和隐蔽性的特点。每个人或每个家庭都会因消费对环境产生微小的影响，但这些微小的影响叠加起来就可能对环境造成巨大的损害。许多消费活动的负外部性是以这种方式生产和累积起来的。

（3）可转移的外部性和不可转移的外部性。根据外部性的影响可否转移，可将外部性分为可转移的外部性和不可转移的外部性。可转移的外部性是指外部性的承受者有机会向第三方"转移"外部性的现象。相反地，承受者无法向第三方"转移"的外部性称为不可转移的外部性。

（4）货币外部性和技术外部性。根据外部性的影响是否通过价格体现出来，可将外部性分为货币外部性和技术外部性。货币外部性是外部效果通过价格变化转换来体现的一种外部性；技术外部性是不能反映在价格变化或通过市场体系表现的外部性。

2.2.1.3 负外部性分析

在现实生活中，负外部性比正外部性更常见，本书所探讨的环境问题就是负外部性的必然结果。因此，在这里对负外部性进行更深入的分析。

负外部性是某一物品或活动对周围事物产生的不良影响，若从经济学角度进行分析，会发现负外部性的根源或实质是私人成本的社会化。对于某一生产者的生产过程，以环境污染为例进行说明，具体如图2-1所示。

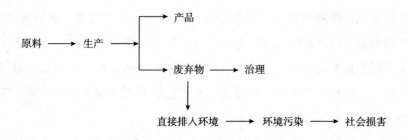

图 2-1　生产过程及其废弃物排放

一般来说，生产过程不可避免地会产生废弃物，废弃物产生后，有两种处理方法：①对废弃物进行治理，无污染后再排入环境；②直接排入环境。生产者受利益最大化的动机支配，目的就是获得更多的利益，因此生产者一般不会选择对废弃物进行治理这种方法，因为对废弃物治理将耗费人力、物力，增加生产者的成本，从而导致其利益下降。生产者会放弃治理过程，选择直接将污染物排入环境之中，这样就降低了私人成本。然而，由于污染物未经治理直接排入环境会造成环境污染，从而损害了环境内其他人的利益，因此对社会造成经济损失，这一损失称为额外的社会成本。生产者的直接排污行为节省了治理的私人成本，而使社会付出了额外的社会成本，即私人成本社会化了。因为私人成本和社会成本是不等值的，所以私人成本社会化所带来的社会成本的增加高于私人成本。

用数学模型来说明，对生产者来说，生产费用包括两个部分：一是生产成本，设为 C_1；二是治理污染的成本，设为 C_2。若生产者不治理污染，将会使社会付出其成本，设为 C_3，并假设生产者产量为 Q，产品价格为 P。

（1）若企业不治理污染，企业盈利 R_1 为

$$R_1 = P \cdot Q - C_1 \tag{2-1}$$

此时社会总福利 F_1 为

$$F_1 = R_1 - C_3 = P \cdot Q - C_1 - C_3 \tag{2-2}$$

（2）若生产者对生产中产生的废弃物进行治理，这样生产者将增加治理污染的成本 C_2。此时企业的盈利 R_2（假设产量不变）为

$$R_2 = P \cdot Q - C_1 - C_2 \tag{2-3}$$

而社会总福利 F_2 为

$$F_2 = R_2 - C_3 \tag{2-4}$$

由于企业治理了污染，也就没有了社会成本，即 $C_3 = 0$，则式（2-4）变为

$$F_2 = R_2 = P \cdot Q - C_1 - C_2 \tag{2-5}$$

将式（2-1）减去式（2-3）得

$$R_1 - R_2 = C_2 \tag{2-6}$$

式（2-5）减去式（2-2）得

$$F_2 - F_1 = C_3 - C_2 \qquad\qquad (2-7)$$

这说明私人成本社会化使生产者获得超额利润 C_2，这一利润的获得是以社会付出超额社会成本 $C_3 - C_2$ 为代价的。

2.2.1.4　外部性的解决途径

外部性的解决思路就是消除与外部性有关的经济无效率，消除社会成本与私人成本的差异，以实现帕累托最优，也就是外部性内部化。

（1）庇古税。庇古于 1920 年在《福利经济学》一书中从社会资源最优配置的角度出发，应用边际分析方法，提出了边际社会净产值和边际私人净产值，最终形成了外部性理论。庇古指出：边际私人净资产值是指个别企业在生产中追加一个单位生产要素所获得的产值；边际社会净资产值是指从全社会来看在生产中追加一个单位生产要素所增加的产值。他认为，如果每种生产要素在生产中的边际私人净产值与边际社会净产值相等，就表明资源配置达到最佳状态。外部性实际就是边际私人成本和边际社会成本、边际私人收益和边际社会收益的不一致。在这种情况下，依靠自由竞争是不可能达到社会福利最大化的，于是就需要政府采取适当的经济政策消除这种背离，实现最优外部性。例如，对边际私人成本小于边际社会成本的部门实施征税，而对边际私人收益小于边际社会收益的部门实行奖励和津贴。庇古认为通过这种方式可以实现外部效应内部化。

上述这种解决途径是认为环境污染所产生的外部性可以通过征税的形式使之内部化。鲍莫尔（Baumoal）等继承了庇古的观点，运用一般均衡分析方法寻找污染控制的最优途径，认为要使企业排污的外部成本内部化，需要对企业的污染物排放征税，征税的税率取决于污染的边际损失，并不因为企业排污的边际收益或边际控制成本的差异而有所区别。这一方法理论上可行，但因为社会边际成本难以判断、环境信息的不确定性、政府对企业排污量的判断难等因素导致实际操作性较差。

（2）产权管理。在很多情况下，负外部性之所以导致资源配置不合理，主要是因为产权不明确。根据"科斯定理"，如果外部性的制造者和受害者之间不存在交易成本，那么只要其中一方拥有永久产权，将会产生最优外部性。产权是指通过法律程序确定某个经济主体占有某种财产的权利。任何企业都能够随意污染产权不确定的河流，而如果河流的产权清晰，企业就必须经过河流的所有者同意并支付补偿，办理相关手续并达到要求后才能向河流内排污，而这一成本就必然包含在企业成本中，不再是外在成本了。科斯认为，从根本上说，外部性是产权界定不明确或界定不当造成的，所以不一定要通过税收、补贴等方法消除社会成本或收益与私人成本或收益之间的差异，只要能够界定并保护产权，双方通过谈判交易就能使资源配置达到最优。根据科斯定理，通过自愿协商制度、排污权交易制度等科斯手段可以解决外部性问题。然而，科斯定理在应用中是有一定局限性的，比如有些产权并不能清晰地加以界定，许多环境与生态资源如大气、公共海域等不能明确主要的产权。

（3）政府管制。政府管制是指政府根据有关法律、规章条例和标准等，直接规定活动者产生外部不经济性的允许数量及其方式，并由政府强制实施。管制分为直接管制和间接管制，直接管制是通过对污染物排放进行规定，间接管制是通过对生产投入或消费的前端过程中可能产生的污染物数量进行规定的，最终达到控制污染排放的目的。管制手段在环境管制政策中是传统的、占主导地位的（冯玉桥，2003）。各国的环境政策是侧重管制手段的，从管理者的角度来看，管制是直接对活动者行为进行控制，其环境效果具有确定性。管制手段是一种在污染控制方面的有效工具，但现如今更倾向于将管制与谈判手段相结合，一方面是因为谈判后的管制实施可能性或可行性更大，另一方面体现了一定程度的灵活性。

2.2.2 公共产品理论

2.2.2.1 公共产品含义及特征

公共产品（public goods）一般是和私人产品（private goods）相对而言的，也称公共物品。从公共产品理论发展的历史来看，关于公共产品有三种具有代表性的定义。

（1）奥尔森的定义。1965 年，奥尔森在《集体行动的逻辑》一书中提出，任何产品，如果一个集团 $X_1, X_2, \cdots, X_i, \cdots, X_n$ 中的任何个人 X_i 能够消费它，它就不能适当地排斥其他人对该产品的消费，则该产品是公共产品，也就是说，该集团或社会是不能将那些没有付费的人排除在公共产品的消费之外的，而在非公共产品中，这种排斥是可能做到的。

（2）布坎南的定义。布坎南（1999）在《民主财政论》一书中指出，任何集团或社团因为任何原因通过集体组织提供的商品或服务，都将被定义为公共产品。

（3）萨缪尔森的定义。1954 年，萨缪尔森在《公共支出的纯理论》中的观点为：公共产品就是所有成员集体享用的集体消费品，社会全体成员可以同时享用该产品，而每个人对该产品的消费都不会减少其他社会成员对该产品的消费。

公共物品有两个基本特征，即非排他性和非竞争性。非排他性是指人们不能被排除在消费某种商品之外。非排他性表明不能限制任何消费者对公共产品的消费，任何消费者都可以消费公共产品。例如，环境污染的治理能使环境改善，使所有人都能享受环境改善带来的好处，而不可能让某些人不能享用。公共产品的非竞争性是指在任意给定的公共物品产出水平下，向一个额外的消费者提供该商品不会引起产品成本的增加，即消费者人数增加所引起的产品边际成本为零。公共产品一旦用既定成本生产出来，增加消费者数量也不会额外增加成本了。例如，海上的灯塔就是典型的公共产品，具有非竞争性，每增加一艘船使用时边际成本为零。

2.2.2.2 公共产品的分类

（1）根据产品的竞争性与排他性分类。根据公共产品是否具有非竞争性和非排他性，可进行如下分类，如表2-1所示。

表2-1 公共产品的分类

公共产品特征	排他性	非排他性
竞争性	私人产品	公共资源
非竞争性	俱乐部产品	纯公共产品

从表2-1中可以看出，私人产品具有排他性和竞争性，其他三类都是公共产品。其中，同时具有非排他性和非竞争性的产品是纯公共产品，公共资源和俱乐部产品为准公共产品。

纯公共产品是既无排他性也无竞争性的公共产品，也就是说，不能排除人们使用这种产品，而且一个人享用这种产品并不减少其他人对其的享用，这就很难将"免费'搭便车'者"排除在受益范围之外，因此其受益无法定价，供给成本难以得到补偿，比如空气、生物多样性、国防等。

准公共产品包括俱乐部产品和公共资源两类。俱乐部产品是指具有非竞争性但有排他性的产品，如公园、学校、医院等。这类产品可以将"免费'搭便车'者"排除在受益范围之外，因而其可以定价，供给成本可以得到补偿。公共资源是指具有竞争性和非排他性的商品或劳务，如公共渔场等。公共资源的总量是既定的，具有向任何人开放的非排他性。因此，公共产品的消费中会出现不合作的问题，每个参与者按照自己的意愿行事。同时，公共资源的竞争性意味着个体消费的增加会给其他人带来负的外部效应。随着消费人数的增加，每个消费者的消费都会影响他人的消费，边际成本大于零。

·41·

（2）根据公共产品外部性的影响分类。一是正公共产品，是指公共产品满足人们的消费需求，并产生积极的环境影响，比如生物多样性、新鲜的空气等。二是负公共产品，是指公共产品并不都是有益的物品，即存在公害物品，这种公共产品为负公共产品，比如环境污染等。

2.2.3　全球治理理论

自 20 世纪后期开始，全球治理理论不仅在研究领域，而且在实践方面都受到国际社会的关注。全球化时代的到来，在改变全球经济关系、经济活动运行机制的同时，也极大地影响着全球的社会和政治关系、运行机制的发展和变化。多数学者认为，全球化时代引发了人类的重大变革，其中最大的变化之一便是人类政治过程的中心从统治逐步走向治理，从善政走向善治，从政府的统治走向没有政府的治理，从民族国家的政府统治走向全球治理（赵红梅，2014）。

2.2.3.1　全球治理的界定

联合国于 1992 年成立了全球治理委员会，该委员会于 1995 年发表了篇题为《天涯成比邻》的报告，认为治理是各种各样的个人、团体——公共的或个人的，处理其共同事务的总和。这是一个持续的过程，通过这一过程，各种相互冲突和不同的利益渴望得到调和，并采取合作行动。这个过程包括授予公认的团体或权力机关强制执行的权力，以及达成得到人民或团体同意或者认为符合他们利益的协议。国际机构对新的治理机制的理解，从"治理"逐步发展到了"全球治理"。

美国乔治·华盛顿大学国际事务和政治学教授詹姆斯·N. 罗西瑙（James N. Rosenau）作为全球治理理论的开创者之一，在《没有政府统治的治理》一书中认为治理与政府统治之间有重大的区别，他将治理定义为一系列活动领域里的管理机制，它们虽未得到正式授权，但能有效地发挥作用。与统治不同，治理指的是一种由共同的目标支持的管理活动，这些管理活动的主体未必是政府，也无须依靠国家的强制力量来实现。

全球治理超越了传统民族国家的界限，将民族国家与超国家、跨国家、非国家主体有机结合在一起，形成了一种新的合作格局。全球治理使人类面临的共同问题有了新的解决路径。全球治理涉及经济与金融危机、气候变暖与环境恶化、疾病蔓延、人道主义灾难、极端主义和恐怖主义等威胁人类生存的重大问题。单一国家或组织无法独立应对和解决这些问题。全球治理在尊重差异的基础上，日益构建起既具有普遍性又尊重特殊性的价值取向。全球治理的价值，就是国际社会所要实现的理想目标，是得到各个国家普遍认同的追求，也是全人类都接受的价值。

郇庆治（2007）认为，全球环境治理是全球治理在环境问题上的延伸，广义的全球环境治理包括理念和制度两个层面，理念阐明环境议题全球性应对的现实性与理论可能性，制度则侧重于使全球性环境治理与政策理念制度化和机构化。

区域环境治理的出现是在解决环境问题的实践中产生的，任何国家和组织都无法独立完成，区域内国家开展环境治理就需要采取合作的方式来实现。区域环境治理主要是通过建立正式或非正式的制度，以条约、协议等形成一种机制，引导并约束行为体合作来解决环境问题，以促进区域可持续发展。区域环境治理是全球环境治理的重要内容，也是全球治理中不可缺少的一部分，由此可见其重要性。

2.2.3.2 全球环境治理的特征

全球环境治理是全球治理理论的一部分，其在学术界并没有形成一致的认识。全球治理理论强调利用一系列国际规则来解决全球性的问题，因此在全球环境治理的理论内涵中必然包括一系列具有约束力的国际规则，而治理的目的则是整个人类社会的可持续发展。根据联合国《里约环境与发展宣言》、《21世纪议程》、联合国环境规划署文件，全球环境治理的途径是国际社会通过建立新的公平的全球伙伴关系，利用条约、协议、组织所形成的复杂网络来解决全球性环境问题，而利用条约、协议、组织所形成的复杂网络构成了全球环境治理的主要机制。

全球环境治理的特征主要体现在两个方面：治理主体和治理方法，即治理主体多层性和治理方法多样性。全球环境治理主体是指制定和实施全球环境规制、规范的组织机构，包括三类：各国政府、市场主体和社会组织。主权国家政府是全球环境治理中最为重要的主体，市场主体在全球治理体系中发挥着全球性的作用，以非政府组织为主的社会组织在全球治理中也发挥着越来越重要的作用。

在国家层面，由于资源环境问题具有外部性，依靠市场本身并不能解决，因此需要政府以资源的最优配置为目的进行干预。在全球层面，像气候变化等全球性的环境问题不可能由单一国家解决，而是需要全球合作来共同解决。主权国家的政府作为主要行为体承担着环境治理的责任，但在应对跨区域、跨国界的全球性环境问题时，治理效果并不显著，人们在现有治理机制的基础上，寻求更为有效的新的治理模式，社会主体如企业和民间团体等社会组织便也被引入全球环境治理的过程中。

全球环境问题是任何一个主体都无法单独解决的，需要多主体共同参与，考虑到国际、市场、社会三者的机制和社会功能的差异，全球治理体系是建立在三种不同的社会机制基础上的混合治理，即通过国家、市场、社会三种主体之间的合作来共同实现创新管理。

2.2.3.3 全球环境治理机制的主要内容

全球环境治理机制是由协议、组织、原则等所组成的复杂网络，其主要内容包括国际环境会议及其达成的多边环境协议、具有约束力的国际环境法律体系、进行环境治理的政策工具、解决经济技术援助的资金机制等。

自 1972 年的斯德哥尔摩会议以来，全球环境治理逐渐兴起，全球环境会议频繁召开，特别是 1992 年的里约会议，有超过 180 个国家和地区参与了会议，会议通过了《里约环境与发展宣言》。这些环境会议的召开为多边环境协议的达成提供了平台，环境协议涵盖了海洋、土壤、生物多样性、大气等方面。海洋方面的公约主要有《联合国海洋法公约》《保护东北大西洋海洋环境公约》，生物多样性方面的公约有《保护世界文化和自然遗产公约》《生物多样性公约》，关于大气污染物排放的公约有《联合国气候变化框架公约》《京都议定书》等。随着国际会议的召开和环境协议的达成，国际环境立法也随之发展，一些环境合作治理机制已被制定为较完善的法律体系。有效的政策工具也是全球环境治理机制的重要组成部分，治理的理念是协调、组织，因此政策工具的作用是协调、组织治理机制内的国家共同完成环境的治理。资金问题是全球环境治理机制能否正常运行的关键，目前全球环境治理的资金来源主要有官方发展援助、多边国际组织的资金、环境协议相关的资金。

2.2.3.4　全球环境治理的障碍

（1）协调机制仍不完善。各国环保部门之间、环保部门和国际组织之间以及国际组织内部都存在不同程度的协调问题。联合国框架下没有一个综合制度机制来解决全球性的环境问题，《联合国宪章》没有设立一个独立的、综合的环保机构，而是将其分散到各个分支机构，如联合国粮食及农业组织（Food and Agriculture Organization of the United Nations，FAO）、世界气象组织（World Meteorological Organization，WMO）、政府间海洋学委员会（International Oceanographic Commission，IOC）、可持续发展委员会（Commission on Sustainable Development，CSD）、联合国开发计划署（The United Nations Development Programme，UNDP）以及联合国环境规划署（United Nations Environment Programme，UNEP）等。这些机构中没有能够有效协调全球和区域间环境制度的。从理论上来说，联合国环境规划署应该作为全球环境事务的协调者，但它并没有被给予这一权力，其协调能力受到很多束缚，同时还要在责任划分、政治支持度等问题上和联合国其他与环境问题相关的组织展开竞争，因此大大降低了全球环境治理的效果。

（2）治理主体的利益格局不断分化。全球环境治理的利益格局不再是传统的南南合作和南北合作，而是向发达国家、发展中国家和新兴经济体转变。随着发展中国家之间发展差距的扩大，发展中国家谈判阵营的立场差异和分歧逐渐加大，全球环境问题的潜在矛盾逐渐显现，尤其在减排目标和责任方面。欧美发达国家在气候变化中长期减排方面的固有差异未被解决，对国际合作模式的认识差异却在增多。

（3）全球治理资金不足。环境治理本身就需要大量的资金投入，同时在环境治理过程中所要求的从国家发展模式转型到低效能机器的转型升级、环保技术转让、气候变化的适应等问题都需要大量的资金投入，但国际社会尚不能对支持环境目标提供充足的资金支持。

2.2.4　机制设计理论

机制设计理论是 20 世纪六七十年代由罗杰·迈尔森等创立的，其中赫尔维茨教授被誉为"机制设计理论之父"，1960 年他发表的一篇名为《资源配置中的最优化和信息效率》的论文，开启了他在机制设计理论方面的研究。之后他相继发表了《无须需求连续性的显示性偏好》《论信息分散系统》等，1973 年他在《美国经济评论》杂志上发表的《资源分配的机制设计理论》确定了机制设计理论的基本框架。

机制设计理论是指为了使经济活动参与者的个人利益和设计者制定的目标利益一致，在自由选择、自愿交换、信息不完全等分散化决策条件下，围绕一个既定的经济和社会目标，设计出一个经济机制来实现上述目标的理论。机制设计理论主要包括两个方面的内容，即信息效率问题和激励相容问题。信息效率问题即机制运行的成本问题。信息效率与信息量大小以及信息传递的效率相互关联。对于机制设计而言，既要考量达成目标所需要的信息量大小，也要考量信息传递过程所付出的成本。在设计一种机制时，信息效率越高、信息量越小、信息传递的维数越少为好。赫尔维茨认为，激励相容问题是如果在给定的机制下如实报告自己的私人信息是参与者的占优策略均衡，那么这个机制就是激励相容的，参与者在追求自身利益最大化的同时，设计者所设定的目标也可以实现。因此，在进行机制设计时，我们必须考虑激励的问题。为了实现一个在技术可行性范围内的目标，我们必须将其设计为可以满足个人理性，并且在参与者自愿参与的基础上使其自利的行为能够实现设计者所设定的制度目标。

马斯金和迈尔森对赫尔维茨的理论基础和框架进行了完善和发展，其主要的研究成果包括"显示原理"和"执行理论"。显示原理是指任何一种资源配置的规则，如果能够被某个机制所达到，那也一定存在一个直接机制可以实现这一资源配置的规则，并且在这一个直接机制中，每个理性参与者都会真实报告自己的信息。执行理论是机制设计理论中的另外一项研究成果，它能解决显示原理所不能解决的一个很重要的问题。一个机制可能包括很多不同的内部均衡，如何使所有这些均衡达到最佳状态，马斯金发现的执行原理很好地解决了该问题，他证明了在马斯金单调性、非一票否决的条件都满足的前提下，在至少有三个决策人时，纳什均衡中的执行是可以实现的。在此之后，其他学者研究并得出了在一定的条件下，可以设计出某种机制，使所有的纳什均衡都可以实现帕累托最优。

机制设计理论可以看成对社会选择理论及博弈论的综合运用。机制设计理论是把组织和社会目标作为已知条件，尝试找到一种实现目标的运作机制。通过设计博弈的具体规则，在满足参与者自身约束的前提下，使参与者在自利性策略选择的相互作用下，让运行结果与组织既定目标相一致。

2.2.5 博弈论

博弈论是一种关于游戏的理论，又称对策论，"Game"的基本意义是游戏，因此"Game Theory"就是一种游戏理论。博弈论主要研究的是人们策略的相互依赖行为，博弈论认为人是理性的，即人人都会在一定的约束条件下最大化自身的利益，同时人们在交往合作中利益有冲突，行为相互影响，而且信息常常是不对称的。博弈论也研究人的行为、在直接相互作用时的决策，以及决策的均衡等问题。1944 年，冯·诺依曼和摩根斯坦的

《博弈论与经济行为》出版，标志着博弈理论体系的初步形成。随着纳什均衡的提出，博弈论得到更深入的研究和广泛的应用，其应用范围涉及经济学、政治学、犯罪学、军事、外交、国际关系等领域。

按照博弈者的先后顺序、博弈持续的时间和重复的次数进行分类，博弈可以划分为静态博弈（Static Game）和动态博弈（Dynamic Game）。静态博弈是指博弈者同时采取行动，同时进行策略决定，博弈者所获得的支付依赖于他们所采取的不同的策略组合的博弈行为。因此，我们也把静态博弈称为"同时行动的博弈"，或者尽管博弈者的行动有先后顺序，但是后行动的人不知道先行动的人采取的是什么行动，"囚徒困境"就是如此。再如工程招标，不同的投标者投标的时间也许不同，但只要互相不知道对方的报价，且是同时行动，就是一种静态博弈。动态博弈是指在博弈中，博弈者的行动有先后顺序，且后行动者能够观察到先行动者所选择的行动或策略，因此动态博弈又称作序贯博弈。

按照博弈者对其他博弈者所掌控的信息的完全与完备程度进行分类，博弈可以划分为完全信息博弈与不完全信息博弈、完美信息博弈与不完美信息博弈、确定的博弈与不确定的博弈等。信息是博弈论中重要的内容。完全信息博弈是指在博弈过程中，每位博弈者对其他博弈者的特征、策略空间及收益函数有准确的信息。完全信息是指博弈者的策略空间得益集是博弈中所有博弈者的"公共知识"。完美信息是指博弈者完全了解到他决策时所有其他博弈者的所有决策信息，或者说了解博弈已发生过程的所有信息。因此，完美信息是针对记忆而言的。如果一个博弈者在行动时观察到其所处的信息节点是唯一的，那么可形象地称他对在他之前的其他博弈者的行动有完美的记忆；如果其所处的信息节点是不唯一的，则称他对在他之前的其他博弈者的行动就没有完美记忆。很显然，完全信息不一定是完美的，不完全信息必定是不完美的。

按照博弈者之间是否存在合作进行分类，博弈可以划分为合作博弈和非合作博弈。合作博弈是指博弈者之间有着一个对各方具有约束力的协议，博弈者在协议范围内进行博弈。人们分工与交换的经济活动就是合作博弈。如果博弈者无法通过谈判达成一个有约束的契约来限制博弈者的行为，那么这个博弈为非合作博弈。合作博弈和非合作博弈的区别在于相互发生作用的当事人之间有没有一个具有约束力的协议，如果有，就是合作博弈，而如果没有，就是非合作博弈。

根据上述分类，非合作博弈可以分为四种不同的类型：完全信息静态博弈、完全信息动态博弈、不完全信息静态博弈、不完全信息动态博弈。与上述四种博弈相对应，存在四种均衡概念，即纳什均衡、子博弈精练纳什均衡、贝叶斯纳什均衡、精练贝叶斯纳什均衡（见表2-2）。

表2-2 博弈的分类及对应的均衡概念

类型	静态	动态
完全信息	完全信息静态博弈 （纳什均衡）	完全信息动态博弈 （子博弈精练纳什均衡）
不完全信息	不完全信息静态博弈 （贝叶斯纳什均衡）	不完全信息动态博弈 （精练贝叶斯纳什均衡）

现代大多数经济学家提到的博弈论是指非合作博弈论，很少提到合作博弈论。实际上，合作博弈的出现和研究比非合作博弈要早，早在1881年，Edgeworth在他的《数学心理学》一书中就已体现了合作博弈的思想。在冯·诺依曼与摩根斯坦合著的《博弈论与经济行为》中也用了大量篇幅讨论合作博弈，而在非合作博弈中仅仅讨论了零和博弈（Zero-Sum Game）。20世纪后期，由于信息经济学的发展，非合作博弈在研究不对称信息情况下市场机制的效率问题中发挥了重要的作用，从而使非合作博弈相对于合作博弈在经济学中占据了主流地位。从理论研究的发展来看，从20世纪50年代至今，非合作博弈得到了广泛的研究与应用。进入21世纪以来，合作博弈开始越来越受到理论界的重视，已经成为博弈论研究的一个热点问题。2005年诺贝尔经济学奖授予经济学家托马斯·谢林（Thomas Schelling）和罗伯特·奥曼（Robert Aumann）在合作博弈论方面的贡献。合作博弈论的应用主要涉及企业、城市、区域经济以及国家之间的合作等多个方面。

2.3　本章小结

　　本章是东北亚区域环境治理机制构建的理论基础，对相关概念进行界定，并介绍研究的理论基础。首先，充分界定区域与东北亚区域、环境与环境问题、区域环境问题和区域环境治理等关键概念；其次，对研究的理论基础进行详细阐述，即外部性理论、公共产品理论、全球治理理论以及机制设计理论等，为后续研究奠定了一定的理论基础。

❸
东北亚区域环境治理的现状及问题

　　区域环境治理是全球环境治理大系统中的一个子系统。全球环境治理的理论、特征、机制、障碍等都可以在区域环境治理中得到应用的细化。由于区域相对于全球来讲范围更小一些，因此区域环境治理从理论上来讲更应该得到较好的协调与同步。然而，区域组织力不够、协调性不强、域内共识不足、制度与政策存在差异、文化与信仰不同、经济与社会发展水平不一，导致了治理有效性、及时性严重不足的问题。

　　自21世纪以来，东北亚区域的经济快速发展，目前已成为世界上经济增长最快的区域之一。经济快速发展随之而来的是区域内环境污染问题。东北亚区域国家包括俄罗斯、中国、日本、韩国、蒙古国和朝鲜。这六个国家位于太平洋西北部，地理位置相连、系统相接，又处于同一季风模式下。东北亚区域的这一地理环境和污染物的空间扩散特性决定了一国国内的污染极易扩散至邻国，进而造成跨界环境污染问题。东北亚区域内的环境问题日益严重，大气污染、沙尘暴和海洋污染是东北亚区域目前面临的三类主要的跨界污染问题。加强区域内环境治理，既是东北亚区域一体化机制不断发展的结果，也是区域内环境状况不断恶化和跨界污染问题愈演愈烈的现实要求。毫无疑问，面对区域环境治理的共同议题，东北亚区域各国具有在环境领域展开合作治理的必要性和可行性。

3.1　东北亚区域环境污染的现状

自"冷战"结束以后，随着东北亚区域经济的快速发展，该区域成为全球经济发展最迅速的区域之一，工业发展、经济增长、人口增加、城市化等所带来的环境污染使区域环境质量下降。以日本为例，"二战"结束后，日本以国家复兴作为国家最高目标，1955~1973年经济高速发展，年平均增长率超过10%，以经济发展为目标的畸形发展方式带来的是环境恶化、人们健康受损等负面影响。当污染物通过大气、河流、海洋等媒介跨越国家界限传播到区域内其他国家时，区域跨界污染随之产生。东北亚区域跨界环境污染主要包括大气污染、海洋污染、生态系统破坏、生物多样性减少、垃圾的非法转移等，而其中比较严重的问题是大气污染和海洋污染。

3.1.1　大气污染中酸雨和沙尘暴问题突出

大气污染是东北亚环境问题的重要类型。从全球来看，大气污染类型日趋多样化，大气污染不仅产生酸雨、臭氧层空洞，还包括导致全球变暖的温室气体排放增多和一定区域内发生沙尘暴。就东北亚地区而言，酸雨和沙尘暴是区域内国家最为关注的跨界大气污染问题。

东北亚地区酸雨主要产生较为严重的酸沉降问题。酸雨对环境造成的危害极大，它可以导致土壤酸化、农作物大幅减产、森林枯死以及腐蚀建筑物、危害人的身体健康等。从地理位置来看，东北亚地区的国家处于同一季风性气候带，因此，任何一个国家排放的工业废气、二氧化硫等都可能随着风跨越边界飘到这一地区的其他国家并对其造成污染。东北亚区域内的国家既是污染的排放国也是污染的受害国。东北亚地区的跨界酸雨污染问题日趋严重，并极有可能像20世纪的欧洲和北美洲国家一样，出现严重的地区性跨境酸雨污染问题（王朝梁，2008）。由于中国、日本、韩国、朝鲜、蒙古国、俄罗斯这东北亚六国处于不同的发展阶段，各国对环境污染的重视程度并不相同，因此污染物的排放量也不相同。在整个东北亚地区最长一次的监测记录显示，20世纪70年代末，整个东北亚地区大气的pH呈现在5.2%左右，而现在则低于4.7%，表明酸化的程度是非常明显的。酸雨会导致森林退化以及生物多样性的减少，亚洲很多国家的酸沉降已经超过了土地所能承载的能力。工业化的发展必然会引起污染物的过量排放，二氧化硫排放同样快速增长，这与东北亚区域人口的增长和经济发展密不可分。东北亚区域的一些国家经历了"二战"结束之后的高速发展，日本和韩国自20世纪60年代以来，一直保持着年均8%~10%的增长率。自21世纪以来，中国经济高速发展，2010年超过日本成为世界第二大经济体，中国在发展经济同时逐渐重视环境问题，积极推进环境保护工作，提高环境保护意识。《2020中国生态环境状况公报》显示：2020年，中国酸雨区面积约46.6万平方千米，占国土面积的4.8%，比2019年下降0.2个百分点，其中，较重酸雨区面积占国土面积的0.4%；全国降水pH年均值范围为4.39~8.43，平均为5.60；出现酸雨的城市比例为34.0%，比2019年上升0.7个百分点；酸雨、较重酸雨和重酸雨城市比例分别为15.7%、2.8%和0.2%。东北亚区域对酸雨问题并没有达成共识，中国科学院大气物理研究所经过研究认为："个别东亚国家排放的氧化硫的大部分都沉降在排放国国内，只有一小部分跨越国境进行移动，而且在各国国内范围之外输送的硫化物排放大部分都沉降在大海中。"薛晓芃（2014）指出，日本电力研究所的研究认为"日本的湿沉降一半来自中国"。日本科学家普遍认为虽然东北亚的酸雨情况非常严重，但是其土壤富含钙质，因此能够中和酸雨的影响。另外，在日本频繁发生的火山活动同样给日本带来了20%的酸沉降，在某些地区甚至更为严重，部分科学家认为自然因素的影响超过了人类活动。韩国的专家则认为沙尘可以中和空气中的酸度，因此除大城市和工业区之外，韩国的农业、土壤和森林等资源受酸雨影响不大。

东北亚沙尘暴现象呈现加剧的趋势，虽然前期采取了一些联合行动，但是长期效果仍未形成。沙尘暴是东北亚区域内严重的跨界环境污染现象，沙尘暴通常伴随强风以及强风吹起的大量粉尘和细小沙粒，强风导致沙尘暴长距离输送，所到之处对环境造成严重影响，造成经济损失，给沙尘暴所到区域带来严重的公共健康问题。东北亚区域隶属全球四大沙尘天气频发地区之一的中亚沙尘源区，包括蒙古国东南部戈壁荒漠区，哈萨克斯坦东部沙漠区，中国内蒙古东部的苏尼特盆地、浑善达克沙地中西部、阿拉善盟中蒙边界地区，中国新疆南疆的塔克拉玛干和北疆的库尔班通古特沙漠等主要的沙尘发源地。每年3~5月，沙尘随季风飘散，不但对我国北方主要城市造成威胁，还对朝鲜半岛、日本列岛与俄罗斯远东地区造成影响。每年4月期间，韩国大气中颗粒物含量都将增至正常范围的2~4倍。联合国统计显示，从20世纪下半叶起，来自亚洲沙漠地区，包括中国境内的特大沙尘暴开始频繁侵袭东北亚部分国家和地区。发生次数由20世纪60年代的每年8次，增至20世纪90年代的每年20多次，波及的范围和造成的损失也越来越大。

王书明等（2008）指出，1971~2001年，韩国共出现169次沙尘天气，其中105次出现在1991年之后，沙尘暴给东北亚国家带来严重的经济和生命损失，给人民的生产和生活带来极大不便。造成沙尘暴的直接原因是气候异常，但近年来其迅速加剧的主要原因是人类对生态环境的过度剥削和破坏。2002年3月和4月，东北亚区域发生了两次严重的沙尘暴，它们席卷蒙古国、中国18个省份、朝鲜半岛以及日本大部分地区。较近的一次沙尘暴发生在2021年春季，2021年3月14日蒙古国发生特大沙尘天气，对中国乃至日本、韩国都造成了重大影响。受灾最严重的为蒙古国，沙尘暴导致蒙古国北部地区受灾严重，58座蒙古包和121处房屋被摧毁，甚至导致10人死亡。《联合国气候变化框架公约》数据显示，受全球变暖影响，1940~2015年蒙古国气温升高了2.24℃，而1942~2018年蒙古国年降水量下降了7%，而且只有降水量的3%能渗入土壤补充地下水。温度升高，降水减少，极端天气频发。

3.1.2 海洋污染负面影响加深

全球海洋面积占地球表面积的比例高达 71%，海洋是人类生态环境的重要组成部分，对人类生存和发展具有重要的意义。《联合国海洋法公约》中对海洋环境污染的表述为：人类直接或间接把物质或能量引入海洋环境，其中包括河口湾，以致形成或可能形成损害生物资源和海洋生物、危害人类健康、妨碍包括捕鱼和海洋的其他正当用途在内的各种海洋活动、损坏海水使用质量和减损环境优美等有害影响。按照污染物的来源不同，海洋污染可分为陆源污染、大气源污染、船舶源污染、倾倒源污染和海底开发源污染，其中陆源污染是最大的海洋污染来源，约占整个海洋污染的80%。东北亚除了蒙古国，其他国家都濒临海洋，东北亚区域经济快速发展导致东北亚海域环境恶化。东北亚海域的污染物质主要包括碳氢化合物、重金属、工农业生产中的化学物质以及垃圾废物等，主要污染源包括沿岸河流的污染、海洋运输产生的污染、工业垃圾、核废料以及石油勘探带来的污染等。其中，污染最严重的有以下三种。

第一，陆源污染是东北亚海洋污染的主要来源之一。黄海和日本海属于半封闭海域，污染物不容易排出。海洋被认为是天然的垃圾处理场，生活在海洋沿岸的人们把工业和生活废水以及废弃物通过河流和海岸线倾倒到海洋里。例如，黄海和日本海 80% 的污染物来自工业和家庭产生的垃圾、有毒化学物质、家畜废料以及由土地勘探和开发导致的漂浮性固体垃圾等陆地产生的污染物（黄昌朝，2013）。《2019 年中国海洋生态环境状况公报》显示，2019 年中国对 448 个污水排放量大于 100 立方米的直排海工业污染源、生活污染源、综合排污口进行监测，直排海污染源排放总量为 801089 万吨，其中综合排污口排放污水量最大，其次为工业污染源，生活污染源排放量最小。

第二，海上运输船只油污泄漏是东北亚海域产生海洋污染的主要原因。东北亚海域航线密集，覆盖了从远东到北美、东北亚至南太平洋等世界上主要的繁忙航线，其中世界油类物质流通量的 26% 的运输要经过东北亚海域，因此航运中的油泄漏事故时有发生。东北亚海域发生过两起比较严重的漏油事件。第一起事件是 1997 年俄罗斯的油轮在日本海域断裂沉没，发生了严重的漏油事件，这个漏油事件造成的损失达到了 350 亿日元。第二起事件是 2007 年在韩国的忠清南道泰安郡大山港外的海域，一艘驳船和"河北精神"号油轮在黄海海面相撞，造成油轮上的三个油槽发生原油泄漏，总量超过上万吨，这也成为整个东北亚地区历史上漏油最严重的一起事件。原油泄漏事件发生的海域濒临亚洲较大的湿地生态圈，大量的候鸟在冬季迁徙的过程当中都会将那里作为临时的栖息地，一旦原油泄漏造成的污染扩散，这一沿岸地区的生态系统将面临严重的破坏。

第三，核废物的倾倒和核泄漏是东北亚海域最为严重的海洋污染现象。早在 20 世纪 90 年代，核废弃物事件就在东北亚海域出现了。1993 年，俄罗斯和日本同时被曝出之前向日本海倾倒大量的核辐射废弃物。俄罗斯有着漫长的海岸线，又是工业化较早的国家，在海洋环境保护方面做得较差，俄罗斯所临的黑海、白海、巴伦支海都遭受过严重的污染。而 1955～1969 年日本每年向位于东京南部的太平洋 15 个场所倾倒的医疗以及与科研相关的反射性废弃物大约 1661 桶，日本还承认东京电力公司每年向日本海释放 9000 吨的核废弃物（黄昌朝，2013）。2011 年 3 月 11 日，日本东北太平洋地区发生大地震导致福岛核电站放射性物质泄漏，该事件令东北亚各国都很担心。福岛核泄漏事件后，先后在中国东北地区、俄罗斯、韩国等地陆续检测到来自日本核泄漏的辐射物。尽管已经过去十多年，但是产生的核泄漏、核废物等对日本、东北亚以及全球造成的核污染还没有结束。

3.1.3　生态系统受到严重破坏

区域环境污染、森林资源乱砍滥伐以及过度捕捞等问题共同导致了东北亚区域生物种群栖息地减少，进而引发生态系统破坏和其他环境危机。森林资源的减少是导致生态系统破坏的重要原因。俄罗斯远东地区原始森林的无序砍伐使得 40% 的伐木没有被有效利用，成熟针叶林储备大幅减少，每年约有15万公顷的森林被砍伐，同时俄罗斯远东地区平均每年森林过火面积达20万公顷。森林面积减少导致动物栖息地丧失和栖息地生态系统被破坏，栖息地生态系统的破坏可以导致生物多样性减少。以图们江流域为例，这条河全长525千米，流经中国、朝鲜和俄罗斯，是三个国家邻近地区的重要水资源。这一跨界地区的生态系统包括草原、温带森林、沿海湿地和近海地区。然而，该河水受到工业和城市污水的严重污染，图们地区的资源开发导致了森林资源的乱砍砍伐和土壤侵蚀，农业、城市扩张和道路建设等人类活动导致了大量土地利用的变化，环境退化对生态系统及其生物多样性的存在构成了严重威胁。图们江流域有多达86种哺乳动物栖息在此，其中不乏一些濒危物种，主要有西伯利亚虎、远东豹和亚洲黑熊等。河流的下游是候鸟栖息地，并且为候鸟提供迁徙路径，这一区域包括200多种候鸟，其中36种更是全球濒危物种。人口的增长、土地资源的占用、乱砍滥伐以及过度放牧等行为不但导致自然生态系统的破坏，而且进一步导致了耕地面积减少、土地退化甚至是土地的荒漠化，这也造成了东北亚区域面临严重的生态环境退化问题。自2000年以来，亚洲一直处于土地退化加重状态，其中西伯利亚地区由于森林砍伐以及农业开垦导致土地退化明显加重。我国境内处于荒漠化或荒漠化威胁的省份达到18个，总面积达到262万平方千米，已经远超我国耕地面积总和。愈演愈烈的荒漠化问题不但造成了区域内整体森林和草原面积的减少、河流湖泊的干枯、生物多样性的破坏和物种灭绝，还导致区域内国家出现耕地生产能力退化、草场沙化的风险。目前，我国的新疆和内蒙古两个省份的沙化面积较大，不仅造成每年植物的减少，而且土地退化和荒漠化带来的另一直接影响就是区域内每年春季的沙尘暴天气频现。荒漠化不仅给中国带来了经济损失，还可能造成严重的跨界大气污染问题。

3.1.4 生物多样性呈减少趋势

中国、俄罗斯、朝鲜之间的生物多样性保护是东北亚区域关注的环境治理事项之一。生物多样性指自然界中的植物、动物和微生物的种类及数量的丰富程度和每一物种活动的丰富程度。生物多样性是生态系统保持平衡的重要条件,它的损失就意味着生态平衡被破坏、环境陷于混乱和无序。东北亚的生物多样性问题主要应关注迁徙类动物的保护和鱼类资源保护。就迁徙类动物而言,跨界物种受威胁最大的是候鸟,如随着季节变化而在日本、朝鲜半岛、中国和俄罗斯之间移动的白颈鹤。中俄界湖是东北亚最重要的候鸟栖息地,但是近年来的经济开发对该湖造成了严重威胁。东北亚湿地中生长着 150 多种水鸟,现有 27 种濒危,一些几乎已经灭绝。就鱼类资源而言,日本海岸沿线近 40% 的地方被严重改造过。破坏生物栖息地就是逐渐毁灭本地区的生物多样性。在其他物种方面,日本有 700 多种植物处于濒危状态,中国和韩国各有 80 多种,其中包含许多世界上非常重要的基因资源。在蒙古国,1987 年的蒙古国红皮书记载了 86 种濒临灭绝的植物和 50 种稀有动物,而 10 年后的 1997 年修订的蒙古国红皮书记录濒临灭绝的植物和动物分别增至 128 种和 100 种,可见在这 10 年时间里濒临灭绝的种群数量增幅明显(白乌云、金良,2015)。

3.2　东北亚区域环境治理的现状

1992 年联合国环境与发展大会后,东北亚区域各国也开始积极召开环境合作会议,签署双边环境合作协议,成立多个环境合作治理机制。在双边环境治理层面,东北亚国家间共有 15 对双边合作关系,中日、中韩、中俄之间的环境合作尤其紧密,每年都会达成大量的具体合作项目,并均已建立起制度化的合作机制。其中,中日之间的环境合作在区域双边环境合作中发展较为迅速,20 世纪 70 年代开始,两国之间就开始技术交流、签署合作协定等。在多边环境治理层面,形成多个区域环境治理机制,主要包括中日韩三国环境部长会议、东北亚次区域环境合作计划(NEASPEC)、东北亚环境合作会议（NEAC）。同时，还形成了一些专门合作治理机制，如西北太平洋行动计划（NOWPAP）、大图们倡议（GTI）、东亚酸沉降监测网（EANET）等。在这些多边治理机制中，中日韩环境部长会议、东北亚环境合作高官会议、西北太平洋行动计划是东北亚区域内最为重要的三大环境治理机制（贡杨、董亮，2015）。

3.2.1 双边环境治理

中国与东北亚区域内其他国家围绕森林保护、林业、渔业保护、野生动物（包括鸟类）保护等内容，签订了一些与环境相关的环境保护协定，具体如表3-1所示。

表3-1　中国与东北亚其他国家的环境保护协议

国家	合作协议
韩国	《中华人民共和国环境保护部与大韩民国环境部环境合作谅解备忘录》
	《中华人民共和国政府和大韩民国政府渔业协定》
	《中华人民共和国政府和大韩民国政府关于候鸟保护的协定》
日本	《中华人民共和国政府和日本国政府环境保护合作协定》
	《中华人民共和国政府和日本国政府保护候鸟及其栖息环境协定》
俄罗斯	《中华人民共和国政府和俄罗斯联邦政府环境保护合作协定》
	《中华人民共和国政府和俄罗斯联邦政府兴凯湖自然保护区协定》
	《中华人民共和国和俄罗斯联邦共和国关于合理利用和保护跨界水的协定》
	《中华人民共和国环境保护部和俄罗斯联邦自然资源与生态部关于建立跨界突发环境事件通报和信息交换机制的备忘录》
蒙古国	《中华人民共和国政府和蒙古人民共和国政府关于保护自然环境的合作协定》
	《中华人民共和国政府和蒙古国政府关于边境地区森林、草原防火联防协定》
朝鲜	《中华人民共和国国家环境保护局和朝鲜民主主义人民共和国环境保护及国土管理总局合作协定》

3.2.1.1　中日环境合作

中国与日本之间的双边环境合作发展良好。首先,中日合作具有较好的资金基础。从20世纪90年代开始,日本在环保方面给中国提供贷款,同时对中日两国的环境污染产生的跨界污染问题给予了极大关注。20世纪80年代,中日之间加强了环境领域的技术交流与合作,签署了与环境保护相关的科学技术合作协定。其次,中日环境合作呈现多层次发展趋势。中国与日本不仅在政府之间建立了环境合作关系,而且地方政府之间也逐步建立了环境合作关系。20世纪90年代,中日签署了一系列环境保护协定,联合发表了环境合作声明,将中日环境合作推向了新的高度。1996年中日友好环境保护中心建立,这是中日之间在环境领域最大的无偿资金援助和技术合作项目,该中心作为中日环境合作的基地,直接承担或积极参与了众多中日环境合作项目(常杪等,2012)。1994年中日两国签署了《中华人民共和国政府和日本国政府环境保护合作协定》,1998年签署了《中华人民共和国政府和日本国政府面向21世纪环境合作联合公报》,这些政府间协定为两国的环保合作奠定了坚实的政策基础,有力地推动了中日环境合作的进程。地方政府之间如东京与北京、神户与天津等也建立了环境合作关系。最后,中日环境合作呈现多元化趋势。中日环境合作不仅局限在官方合作,中国与日本非政府组织同样积极开展环境合作,如日中经济协会在中国创立了中国大气污染改善合作网络,日本国立环境研究所与清华大学等中方机构共同进行大气污染方面的研究等。中日两国围绕环境保护、节能节水、植树造林、水资源保护等内容开展了百余项合作计划,增进了双方在环境合作方面的信任。

2015年4月,中日两国首脑在印度尼西亚举行会谈,双方努力促进环境保护等领域的具体合作,同时希望通过环境保护方面的合作进一步改善两国关系。2019年11月25日,第三次中日环境高级别圆桌对话会在东京举行,中国生态环境部部长李干杰指出:中日环境合作有助于共同解决生态环境问题,也有益于增进两国人民之间的友谊,促进两国关系健康发展，日本在环境治理领域也积累了丰富经验，中日环境合作潜力巨大。

3.2.1.2 中韩环境合作

1992 年中韩两国建立正式外交关系，两国经贸关系快速发展的同时，环境合作与跨界污染的合作治理也成为两国政府共同关注的议题。1993 年，中韩两国外长共同签署了《中华人民共和国政府和大韩民国政府环境合作协定》。协定分为 8 条 14 项，其主要内容包括环保信息交流、技术经验交流、举办研讨会等，双方在环境方面的合作正式开始。1994 年，中韩两国在上述环境合作协定的基础上，共同组建了环境合作联合委员会，并且两国约定每年轮流在首尔和北京之间召开会议，会议内容主要包括跨界污染合作治理和两国国内环保产业发展等与环境问题相关的议题。

2012 年 10 月 12 日，第十七次中韩环境合作联合委员会会议在韩国首尔召开。双方商定在环保技术交流和农村环境保护领域开展合作，并就推动建立打击电子废弃物非法越境转移合作机制、生物多样性保护和遗传资源分享、西北太平洋行动计划和东北亚次区域环境合作项目等全球与区域环境合作交换了意见。中韩双方还在民间层面开展了多种内容的环境合作项目，并取得了一定的成绩。2015 年 11 月 6 日，第二十次中韩环境合作联委会会议在北京召开，"中韩环境技术与产业合作"项目获得批准。该项目基于中韩环保产业合作基础，在互利共赢的基础上，通过环保产业交流与合作、技术转移、技术孵化、建立合作园区及企业对接等多种形式，切实深化中韩在产业领域的务实合作，提升产业合作水平。2017 年，中韩签署了《中韩环境合作规划（2018~2022）》，双方提出共同建设中韩环境合作中心。2018 年 6 月，中韩环境合作中心在北京揭牌成立，旨在共同研究雾霾等大气污染问题。

3.2.1.3 中俄环境合作

中俄两国有 4300 多千米的边境线，涉及大小岛屿近 2500 个。两国界河里程长、岛屿多，同时中俄两国许多陆地动植物存在着天然的联系，这决定了双方在环保领域的合作符合两国人民的根本利益。中俄两国双边环境合作开始于 20 世纪 90 年代，1994 年中俄两国政府签署《中华人民共和国政府和俄罗斯联邦政府环境保护合作协定》，正式建立了环境双边合作机制。1996 年，中俄建立总理定期会晤委员会，同年双方在环保领域签署《中俄关于兴凯湖自然保护区协定》。1997 年，中俄两国元首在北京签署的《中俄联合声明》指出，两国在保护和改善环境状况、共同防止跨界污染、合理和节约利用自然资源方面开展合作。2001 年，两国又签署了对双方都具有重要意义的《中俄睦邻友好合作条约》，其中条约第十九条明确规定双方在环保领域的合作：缔约双方将在保护和改善环境状况，预防跨界污染，公平合理利用边境水体、太平洋北部及界河流域的生物资源领域进行合作，共同努力保护边境地区稀有植物、动物种群和自然生态系统，并就预防两国发生的自然灾害和由技术原因造成的重大事故及消除其后果方面进行合作（中国—东盟环境保护合作中心，2017）。2006 年，中俄总理定期会晤委员会设立环保分委会，落实关于加强环保的合作的决定，建立了中俄环保合作的重要平台。自分委会成立至 2016 年，中俄环保分委会共举行了十一次会议。每次双方相互通报两国政府一年以来的重大环保举措，总结合作进展，听取三个工作组汇报，审议并批准下一年度工作计划。2020 年是中俄总理定期会晤委员会环保合作分委会机制成立十五周年，十五年来，两国环境部门始终坚持落实领导人会晤精神，不断完善工作机制，在污染防治和环境灾害应急、跨界保护区和生物多样性保护、跨界水体水质监测与保护等领域取得了积极进展和丰硕成果。

3.2.1.4 中朝环境合作

中国与朝鲜在自然地理意义上的环境联系是十分紧密的。两国既共享界河鸭绿江与图们江，又在陆地上有山地相连，同时两国又隔黄海相望。面对这样的自然地理格局，无论是两国的污染控制问题，还是生物多样性保护问题都极具重要意义。1992 年，中国国家环保局局长对朝鲜进行访问。1998 年，朝鲜政府环境代表团访华，中国国家环境保护总局与朝鲜环境保护及国土管理总局签署了中朝环境合作协定，协定的合作内容主要包括：两国进行科技交流，引进先进科学技术；定期交换在环保领域中取得的成果、经验、技术文献和资料，共同研究双方关心的问题；在引进和利用先进环境设备与器材方面进行合作；在国际环境活动中加强磋商与合作；在人才培训方面进行合作。虽然中朝签署了环境合作协定，但是双方开展的合作项目较少。

3.2.1.5 中蒙环境合作

1990 年 5 月，中国与蒙古国签署了《中华人民共和国政府和蒙古人民共和国政府关于保护自然环境的合作协定》，该协定的主要内容为：①对土壤侵蚀、反沙漠化行动、草原保护、沿边界建立共同自然保护区和禁止狩猎区达成双边协议，并对调查和实验工作予以协调；②开展合作研究并对沙尘暴和土壤侵蚀进行遏制；③开展合作研究，并对蒙古国瞪羚和其他沿中蒙边境分布的野生动植物予以保护、研究、养育和合理化利用；④在联合国及其专业性机构的支持下，鼓励非政府组织参与自然环境保护工作（金熙德，2001）。中蒙环境合作的主要方式包括建立实验室与联合研究中心，出版相关环保文献与其他研究成果，召开两国环境学术会议等（李雪松，2014）。2015 年，中蒙投资环境与重点项目推介会在呼和浩特召开，两国在能源、化工、装备制造、建材、采矿业、农畜产品加工、云计算、商贸物流、旅游、基础设施等领域使多家企业达成合作意向，签订投资项目和业务合作协议 46 项，签署总金额近 570 亿元。① 2017 年，中国科学院西北生态环境资源研究院在科技部的支持下，与蒙古国等的科研人员开始荒漠化治理技术创新合作研究。我国科研人员将中国的流沙固定技术应用到蒙古国布尔干省拉桑特县，建立固沙实验区，并且治沙效果显著。

---

① 参见《中蒙投资环境与重点项目推荐会签约近 570 亿项目》一文：https：//www. sohu. com/a/37548584_116198。

3.2.2 多边环境治理

东北亚地区存在多个互相平行的环境合作治理机制，它们有的是由国际组织如联合国环境规划署发起设立的，有的是由成员国自己发起的。在成员国自己发起设立治理机制的情况中，有的是由成员国外交部门设立的，有的是由成员国环保部门或其他部门设立的，还有的是由非政府组织或者研究机构设立的。多个机制并存导致了职能的重叠，一些机构或者个人热衷于设立新的机构来是实现其抱负或获得荣耀，而并不致力于该区域各机制间的协调（Drifte，2002）。东北亚区域主要环境治理机制如表3-2和表3-3所示。

表3-2 东北亚区域主要环境治理机制

名称	发起或 成立时间	参与国家	目标
东北亚环境 合作会议	1992年	中国、日本、韩国、 俄罗斯、蒙古国	东北亚各国扩大环境议题的对话，分享资讯、经验和技术交换，目的是要增进国家间的环境管理，加强多边合作
东北亚次区域 环境合作计划	1993年	中国、日本、韩国、 俄罗斯、朝鲜、蒙古国	在联合国亚太经合委员会的协助下成立，旨在发展区域各国间正式的环境合作
中日韩环境 部长会议	1999年	中国、日本、韩国	落实三国环境合作项目，解决三国共同面临的环境问题，促进本地区的可持续发展
西北太平洋 行动计划	1994年	中国、日本、 韩国、俄罗斯	通过区域合作防止东北亚海域的污染，以及防止沿海环境的破坏
东亚酸沉降 监测网	1993年	东亚13个国家	交换各国酸沉降监测数据和技术，并通过国与国间的监测合作防止跨国界酸沉降污染危害
大图们倡议	1992年	中国、韩国、 朝鲜、俄罗斯	促进东北亚区域的经济合作，增加各方此区域对环境重要性的认知

表 3-3 东北亚主要环境合作机制比较

名称	中日韩环境部长会议	东北亚次区域环境合作计划	西北太平洋行动计划
起始时间	1999 年	1993 年	1994 年
成员国	中国、日本、韩国	中国、日本、韩国、朝鲜、俄罗斯、蒙古国	中国、日本、韩国、俄罗斯
合作范围	环境对话/项目合作	环境项目合作与培训	海洋与沿岸环境保护
合作层次	部长级	高官级别	高官级别
机制安排	相对独立的区域合作机制	相对独立的区域合作机制	联合国环境规划署区域海洋计划
管理设置	会议每年召开一次，三国轮流举行	东北亚环境合作高官会是决策机构，联合国亚太经社会秘书处执行活动	政府间会议决策，区域活动中心和区域协调办公室执行

资料来源：徐庆华. 中国国际区域环境合作文件汇编［M］. 北京：中国环境科学出版社，2006.

3.2.2.1 东北亚环境合作会议

第一次东北亚环境合作会议于 1992 年 10 月 13～15 日在日本新潟召开，来自中国、韩国、蒙古国、俄罗斯和日本中央政府与地方官员，以及联合国机构如联合国环境规划署、联合国开发计划署和亚太经社会的代表出席了会议。与会者主要就以下两部分议题展开了开放而坦诚的信息和观点交流：一是各国环境状况，特别是大气质量、水质、海洋污染、废弃物管理和再循环、生物多样性和自然保护；二是参会国间的多双边环境合作展望。会议各方一致认为有必要加强区域各相关方之间的环境合作，这种合作不但包括公共部门和私营部门，而且包括非政府组织和民间组织的积极参与。代表强调定期进行信息、经验和技术交换的重要性，通过这种交换，将建立区域内共同关心的环境问题的总体政策对话机制（徐庆华，2006）。会议原则上每年举办一次，截至 2015 年，东北亚环境合作会议已召开 24 届，会议主要强调各国政府应在区域环境合作中承担更大责任，并强调今后各国合作的重点领域主要包括信息交流与信息共享网络建设，对

东北亚区域环境治理机制

大气、海洋污染和生物多样性变化的联合检测，经济工具在环境管理和环境规划中的应用等。这一会议成功促成了中日韩三国环境部长会议和东北亚环境合作高端会议的召开。

3.2.2.2　东北亚次区域环境合作计划

1993 年，由联合国亚太经社会、联合国环境规划署和开发计划署牵头，第一届东北亚区域环境合作高级官员会议在韩国首都首尔召开，与会者为东北亚六国（中国、日本、韩国、俄罗斯、朝鲜和蒙古国）外长和分管国内环境部门的部长。第一届会议以能源和大气污染、能力建设、生态系统管理为议题。在第一届环境高官会议上，东北亚六国启动了"东北亚次区域环境合作计划"，并决定以东北亚环境合作高官会议作为其决策机构。会议将大气污染、生态系统管理和能力建设列为合作的三个优先领域。1996 年，在蒙古国首都乌兰巴托召开的第三届会议上确定了东北亚次区域环境合作计划的框架；1998 年，在俄罗斯首都莫斯科召开的第四届会议上通过了东北亚次区域环境合作计划的财务安排与信托基金方式；2012年 12 月，第 17 届东北亚环境合作高官会议在我国成都举行，与会代表围绕如何进一步推进本区域环境与可持续发展国际合作进行了全面、深入的讨论。东北亚环境合作高官会议是东北亚各国建立综合性区域环保合作机构的最初尝试，截至 2018 年，东北亚区域环境合作高级官员会议共举办了22 届。在第 22 届会议上，与会代表听取了各国对推进本国及区域可持续发展方面的介绍，审议了东北亚次区域环境合作计划在跨界大气污染、自然保护、海洋保护区、低碳城市、荒漠化和土地退化等领域的合作进展情况，并通过了关于 2019 年外部评估和核心基金使用的工作计划。时任中国外交部国际经济司司长王小龙在会议上表示：中国高度重视生态文明建设和全球可持续发展合作，愿同各成员国共同维护多边主义，推动全球环境治理，落实 2030 年可持续发展议程，为建设清洁美丽的东北亚作出积极努力。

·66·

3.2.2.3　中日韩环境部长会议

1999 年 11 月举办的东盟与中日韩（10+3）领导人会议上，中日韩三国领导人提出应加强环境合作与对话的倡议，为了落实这一倡议，中日韩三国启动了中日韩环境部长会议机制。1999~2019 年，共举办了 21 次中日韩环境部长会议。为全面落实中日韩环境部长会议成果，三国制定并实施了两期《中日韩环境合作联合行动计划》。中日韩环境部长会议经过多年发展，共经历了三个发展阶段（中国—东盟环境保护合作中心，2018）。

第一阶段：1999~2009 年，探索奠基阶段。这一阶段的成果主要包括：明确提出加强三国环境合作，增强共同应对环境挑战的能力；建立促进环境合作项目落实的执行机制；交流和分享三国应对区域和全球环境问题的国家政策与最佳实践。

第二阶段：2010~2014 年，发展深化阶段。这一阶段的成果主要包括：开发三国优先领域合作模式，包括信息收集与共享、学术联合研究、政策交流与实践项目；部长会议机制建设不断完善，形成了部长会、司长会及工作层会议的运行机制，更加有效地管理合作事宜；三国投入必要的财力、技术和人力资源，广泛引入政府、研究院所、企业和专家等各种利益攸关方的参与，合作范围逐步扩大。

第三阶段：2015 年至今，稳定运行阶段。这一阶段的成果主要包括：各领域合作深度和广度有所拓展，初步形成具有特色的三国环境合作模式；三国建立了良好的共同应对区域和全球环境问题的协调与沟通机制；三国环境合作在全球及区域环境治理格局中的影响力日益提升。

3.2.2.4　西北太平洋行动计划

西北太平洋行动计划的全称为"西北太平洋地区海洋和海岸带环境保护、管理和开发行动计划"，西北太平洋行动计划是 1991 年联合国环境规划署发起"地区海洋行动计划"的一部分，其目的在于加强对东北亚地区海洋环境的保护。西北太平洋地区有两处海域：第一处为位于日本与库页岛以西、俄罗斯本土与朝鲜半岛以东的海域,此处海洋深度极深,通过海峡连接太平洋和东海,这部分海域北部地区在冬季会被冰雪覆盖。第二处海域为位于朝鲜半岛西南部,在东北亚最大的河流黑龙江(阿穆尔河)河口位置。西北太平洋行动计划覆盖大致为东经121°~143°,北纬33°~52°的区域。西北太平洋行动计划建立于1994年,参与的国家包括中国、日本、韩国和俄罗斯,涉及上述国家的环境、外交、交通、渔业以及军事部门。依据1999年西北太平洋行动计划第四次政府间会议决定成立西北太平洋行动计划区域协调办公室,在2001年第六次政府间会议上,各成员国原则上同意在日本富山和韩国釜山联合成立西北太平洋行动计划区域协调办公室,2004年11月该办公室在日本富山与韩国釜山成功设立。西北太平洋行动计划以区域缩减、信息收集与系统调整及整合为目标,对西北太平洋海域的环境状态进行评价。计划确定了四个有限行动项目,商定了在四国首都轮流举办政府级会议,并规定了信托基金的各国捐资比例。西北太平洋行动计划分别在四个国家建立了区域活动中心,分别为日本富山的特别监控与沿岸环境评估区域活动中心、中国北京的数据信息网络区域活动中心、韩国大田的海上环境应急防备响应区域活动中心、俄罗斯符拉迪沃斯托克的污染监控区域活动中心。2015年11月1日,在韩国首尔举行了第六次中日韩领导人会议,中国、日本和韩国三国一致决定在《西北太平洋行动计划》和三国环境部长会议框架下,共同努力提高公众对减少和共同监测海洋垃圾必要性的意识。2018年,西北太平洋行动计划成员国审议并批准了2018~2023年中期战略,该战略关注通过西北太平洋行动计划机制进行海洋相关可持续发展目标的区域实施与协调。

3.2.2.5　东亚酸沉降监测网

东亚酸沉降监测网(EANET)是由日本政府发起建立的一个区域性合作机制,目的在于交换各国酸沉降监测数据和技术,为解决区域及成员国的酸雨问题提供指导与技术。目前,包括中国在内共有13个国家参加,其中东北亚区域内的国家包括中国、日本、韩国、俄罗斯和蒙古国,其他国家有柬埔寨、泰国、越南、老挝、马来西亚、印度尼西亚、菲律宾和缅甸。第一次东亚酸沉降监测网会议于 1998 年 3 月 19~20 日在日本横滨召开，会议核心议题是如何建立东亚酸沉降监测网，包括机构、合作议题、原则规则等。EANET 机制框架包括：决策机构每年召开一次政府间会议，讨论 EANT 的未来发展，秘书处负责网络日常的行政管理工作，成立了科学顾问委员会为网络的活动和发展提供技术指导和支持。中国于 2000 年正式加入其中。2019 年 11 月 12~13 日，东亚酸沉降监测网第二十一次政府间会议在北京举行，各参与国、联合国环境规划署亚太办代表共 50 余人出席会议，会议回顾了上次政府间会议以来的工作，并对 EANET 未来五年中期计划进行了讨论。

3.2.2.6 大图们倡议

发展图们江三角区的概念最初是由中国在 1990 年的东北亚经济和技术合作会议上提出的。1995 年，在联合国开发计划署的支持下，中国、蒙古国、俄罗斯、韩国和朝鲜共同签署了《关于建立图们江经济开发区和东北亚开发协商委员会的协定》和《关于建立图们江地区开发协调委员会的协定》，建立了图们江经济开发合作机制。环境保护是该合作机制中的一个方面。大图们倡议包括一份环境合作备忘录，即《关于图们江经济开发区和东北亚环境原则谅解备忘录》（1995），成员方在土地保护、保护生物多样性、建立自然保护区和保护园区、保护海洋和海洋生物资源、污染和环境状况的监测等领域开展合作。

按照大图们倡议协议，在大图们协商委员会下设一个环境委员会。2007 年，协商委员会达成了一个环境合作框架，包括协调单位和工作组。2011 年，成员方代表大会在北京召开了环境委员会就职会议，并讨论了大图们机制在保护东北亚和图们江地区环境方面的潜力。2015 年 7 月，环境委员会第二次会议在蒙古国首都乌兰巴托召开，委员介绍了各自国家为大图们倡议下的环境合作所制定的政策开展的工作，并分享了如何推动环境合作的观点。事实上，这个合作机制在环境领域并没有取得快速发展。

3.3 东北亚区域环境治理存在的问题

3.3.1 缺乏治理共识

目前，由于东北亚区域的中国、日本、韩国、俄罗斯、蒙古国、朝鲜六个国家环境政策不同，每个国家对环境污染问题的重视程度也不尽相同，因此东北亚区域没有形成整体的环境意识。

环境意识是人们对环境和环境保护的认识水平和认识程度，又是人们为保护环境而不断调整自身经济活动和社会行为，协调人与环境、人与自然互相关系的实践活动的自觉性。也就是说，环境意识包括两个方面的含义：其一，人们对环境的认识水平，即环境价值观念，包含心理、感受、感知、思维和情感等因素；其二，人们保护环境行为的自觉程度。这两者相辅相成，缺一不可（范睿，2011）。

东北亚地区由于各自国家发展程度不同，各自国家的环境意识发展进程也不同，导致人们的环境意识不尽相同，因此尚未形成共同的环境意识。具体来看，日本和韩国两国的环境意识形成较早；中国和俄罗斯两国的环境意识形成稍晚，但是发展得较快；朝鲜和蒙古国两国的环境意识均不强。

3.3.2 缺乏主导力量

东北亚区域环境治理的发展需要区域内大国发挥关键的主导作用，东北亚区域环境治理缺少能引领区域环境治理的主导者，区域环境合作治理的主导者需要承担相应的职责，积极提出构建区域环境合作治理机制的倡议，与区域内其他国家以及环境治理参与主体展开磋商，协调各参与主体之间的关系，最终目标是形成能被各主体接受的区域环境治理机制。区域环境治理的主导者能否起到关键作用，取决于它是否有能力推动区域环境合作治理的发展，是否能发挥推动区域环境合作治理的关键性大国的作用，能否妥善处理区域内国家之间的矛盾，能否平衡各方的利益。就目前东北亚区域而言，中日韩三国经济实力相对较强，均具备成为主导者的潜力，但区域合作不仅需要经济实力，还需要有推动区域环境合作的意愿。日本作为东北亚区域内的发达国家，不仅在经济实力，而且在环保理念和环保技术方面都具有区域环境合作主导者的优势。同时，日本也是较早参与全球环境治理的国家，早在 1992 年的联合国环境与发展大会上日本代表就积极发挥其作用，承诺今后 5 年为全球环境事业提供资金帮助。日本也积极地在东北亚以及东亚区域范围内展开双边和多边环境合作，其中亚太环境会议和东亚酸沉降监测网是由日本积极推动和提供资金资助的，日本一直在区域环境治理中起着一定的主导作用，但日本并没有能够主导东北亚区域环境治理建立一个制度化水平较高的区域环境治理机制。近年来，中国经济高速发展，2010 年超过日本成为世界第二大经济体，具备参与和建设全球治理的条件。在党的十九大报告中提出，中国秉承共商、共建、共享的全球治理观，积极参与全球治理体系的改革和建设。中国提出"人类命运共同体"理念作为中国参与全球治理的中国方案。在环境治理方面，中国积极参与全球环境治理的进程，制定到 2030 年前实现碳达峰、到 2060 年前实现碳中和的目标。中国已经具备作为区域环境治理主导者的实力和能力。

3.3.3 缺乏资金支持

东北亚区域环境治理机制的运行需要大量资金的支持，但实际上在区域环境治理上投入的资金严重不足。资金的缺乏使区域环境治理不能顺利地开展，使区域环境治理机制不能有效地运行。在东北亚区域的环境治理中，国家仍是环境治理的主要行为体，非国家行为体能起到的作用十分有限，这是因为非国家行为体缺乏稳定的财政支持，这就导致在区域环境治理过程中容易出现以国家主体为主，企业、非政府组织以及社会公众主体参与不足的情况，各国的国家利益直接影响了环境谈判中国家的立场，也影响着东北亚环境治理的发展进程。同时，由于社会公众以及有关非政府组织参与不足形成的公众意识与公众责任缺失，也不利于东北亚地区环境治理的开展。不仅如此，东北亚地区环境治理机制中某些机构重叠、效率低下、防治技术不到位、缺乏专门负责项目费用征集与管理的部门，以及在集体行动中常常出现资金不足的情况，这都使已有的东北亚区域环境治理机制治理效果不理想。

与东北亚区域环境治理缺乏资金支持的现状相比，欧盟环境治理具有稳定的资金支持，执行欧盟的环境计划拥有十分稳定的财政支持；东盟虽没有专门负责执行环境合作计划的部门和项目费用，但也在努力寻求吸引和协调外部援助。在东北亚区域，没有部门提供类似的服务，因此大多数环境合作计划都依靠自己解决资金问题，而强制性资金计划普遍遭遇抵制，区域内众多相似功能的合作项目在吸引资金援助方面也产生了竞争，因此遭遇了资金短缺的问题（薛晓芃、张海滨，2013）。东北亚区域环境治理机制的资金来源依靠成员国提供，而且提供方式为自愿，因此会受到成员国经济状况以及政府决策偏好的影响，也会受到机制内来自不同方面利益冲突的影响。资金缺乏是区域环境治理存在的主要问题，区域内国家普遍反对强制性的财政供给措施，因此机制面临财政稳定性的问题。

3.3.4 缺乏有效制度

协调的制度体系和可互动的机制安排是环境治理非常重要的要素。东北亚环境治理机制的发展总体而言是不一致的：有一些呈现了一定的制度化；有一些合作项目停留在了磋商和意见交流的阶段，并没有制订具体的行动计划；有一些治理机制甚至还面临着存续性的危机。这些已经存在的治理机制各有优劣，每个机制各自发展，彼此之间缺乏有效的协调，相互之间也没有互动，这就导致了东北亚环境治理难以形成一个协调发展的体系。

首先，从成员国覆盖的地理范围来看，并不是所有的机制都囊括了东北亚全部国家。而环境污染作为一种区域的公害物品，其影响是具有非排他性的，这种污染对区域内的所有国家都造成了同样的、等量的影响，但在东北亚区域内，却不能将所有受影响的国家都聚集在一起共同治理环境问题，这是区域环境治理机制上的不足。东北亚区域被环境问题联系在一起，但东北亚区域由于非常特殊的状况，以及六个国家包括中国、日本、俄罗斯、韩国、朝鲜、蒙古国，未被囊括在同一个环境治理的框架之下，因此很难共同治理区域内的环境问题。在环境治理机制中，只有东北亚次区域环境合作计划包括东北亚区域内所有的国家，其他的机制都没有全部的东北亚国家参与其中。朝鲜加入的重要性在于所有的相关国家能够建立必要的协调和联系，从而获取一些比较完整的东北亚环境污染状况的数据。而朝鲜的缺失让东北亚环境合作的制度安排缺少了非常重要的一环，也让环境治理行动效果受限。从成员覆盖的地理范围来看，目前东北亚比较有效的环境合作机制并不是一种非常充足的现象。

其次，在制度建设方面，建立一种强制性的财政计划和独立秘书处被认为是使机制能够正式且持久地运行下去的重要保障，而在这个层面上，东北亚环境合作项目的发展同样也是不一致的。目前在东北亚环境治理的机制当中，中日韩三国环境部长会议、东北亚环境合作会议和东北亚次区域环境合作计划这三个机制能够执行相似的功能，比如交换区域内各国对不同环境问题的观点，确定区域内共同的环境关切，在如何描述这些环境关切上达成一致以及实施改善地区环境状况的项目。在这三个环境机制当中，它们都设立了秘书处。然而，在这三个机制发展的过程当中，它们并不是一个协调及平衡的状况，其中，东北亚环境合作会议的发展是最为薄弱的。因此，这可以看作机制之间自然选择的一种结果。20多年来，东北亚环境合作会议作为东北亚环境信息的一个交换平台，最大的特点是市民社会的参与，而市民社会又是非政府组织参与东北亚环境合作的一支非常重要的力量。

3.3.5 缺乏明显效果

从表面上看，东北亚区域多边环境合作机制已经初步建立，如中日韩环境部长会议、东北亚次区域环境合作计划、东北亚环境合作会议以及西北太平洋行动计划等。然而，遗憾的是，虽然设立了会议模式、资金安排等，但是取得的合作成果非常有限（中国—东盟环境保护中心，2018）。这些机制间最大的问题是议题重叠与协调困难。机制功能的同质化导致了机制间的竞争关系加剧，不同机制由不同国家主导，特别是中日韩三个国家对不同机制的支持程度和在主导权的角逐上表现得更为明显。例如，中日韩环境部长会议和东北亚次区域环境合作计划是在韩国的建议和支持下成立的，尽管日本在全球环境领域并未成为领导大国，但是在东北亚环境合作的主导权上展开了竞争，这一点特别体现在对东亚酸沉降监测网的支持方面。中国随着经济实力的增强，也希望在东北亚环境合作中发挥更大的作用，并且在环境议题上变得更为主动。中日韩环境部长会议、东北亚次区域环境合作计划和西北太平洋行动计划是东北亚地区最为重要的三大环境合作机制，这些机制之间议程设置交错，在关联上缺乏更高一级制度的协调和统合。因此，东北亚区域环境治理还显得十分不成熟，机制间的协调与主导权问题使制度建设与环境政策的法治化发展受到阻碍。东北亚区域迄今的环境合作与治理尚未走向法制化管制。

3.4 东北亚区域环境治理的制约因素

3.4.1 政治因素与制度差异

制约区域合作进程的政治因素主要包括：政治体制与意识形态对区域

合作治理机制建立的影响，安全因素包括核安全及各国安全战略对区域合作的影响，美国因素对区域合作治理的影响。

在东北亚地区，环境合作深受政治因素的干扰，东北亚各国间的政治矛盾是制约环境合作开展的重要因素。东北亚区域内存在着资本主义和社会主义两种政治制度和意识形态。东北亚地区各国社会制度和意识形态的非一致性，对地区合作的开展产生了重大的影响。这种差异不仅会在较大程度上影响区域内各国的共同利益，而且会对东北亚各国环境合作产生影响。此外，围绕地缘战略利益，东北亚各国的明争暗斗始终没有停止过，形成了这一地区复杂多样的矛盾和错综复杂的双边、三边以及多边关系。这些政治因素都在一定程度上制约了东北亚各国环境合作的开展。

朝鲜半岛一直是东北亚地区乃至全球的一个主要的地缘政治冲突的焦点地区，朝鲜半岛的紧张局势一直是制约东北亚区域合作的主要障碍之一。近年来，虽然朝鲜半岛的紧张局势有所缓解，但是仍未取得实质性的进展。"朝核"问题的不确定性是影响东北亚区域合作以及东北亚局势稳定的关键问题，也是最大的安全问题。朝鲜核危机严重影响了东北亚区域的和平和稳定，这一情况如果不改善，东北亚区域的紧张气氛将会一直存在，会严重影响东北亚区域内国家之间的交流与合作。自 2018 年以来，东北亚形势和朝鲜半岛发生了明显的变化，朝美关系出现了一定程度的缓和，朝美以对话和谈判方式解决半岛问题。至今朝美一共举行了三次会晤，特朗普与金正恩在板门店分界线上实现了第三次握手，但并没有起到实际作用，东北亚的紧张局势仍持续存在。自 2019 年 2 月第二次"金特会"破裂以后，朝美核谈判陷入僵局。朝中社报道，朝鲜国防科学院发言人表示，2019 年 12 月 7 日下午，在西海卫星发射场进行了极其重大的试验，同时声称这次的重大试验结果对再次改变朝鲜的战略地位将会发挥重要作用。随着朝美谈判的发展，东北亚区域局势也将发生转变。这都将给东北亚区域合作的发展前景带来前所未有的挑战。

美国地理位置并不在东北亚区域内，但其影响着东北亚地区的政治格局。美国前总统特朗普的"美国优先政策"给东北亚局势带来了很大的不确定性。英国学者马丁·雅克认为，"我们可以确定的是，在未来相当长的一段时间内，美国仍然是东亚地区的军事霸主……美军实力最强的区域集中在东北亚，远高于在世界上的其他地区。东北亚也是世界上仅有的冷战对立延续至今的区域"（姜龙范，2018）。自奥巴马时期的"重返亚太"，到特朗普政府的"印太战略"，美国凭借在日本和韩国的驻军一直是东北亚地区的重要存在。自"冷战"结束后，美国对东北亚奉行一种新霸权外交战略，利用中日两国的历史认识等以使其相互制衡，利用朝鲜半岛南北对立继续维持东北亚地区的"冷战"格局。通过扮演"离岸平衡者"的角色维持东北亚相对均势格局，谋求所谓"美国统治下的和平"。2021年美国新总统拜登上任，其在美日、美韩、朝核等问题上的政策为东北亚区域地缘形式带来很多不确定性，也为东北亚区域合作以及东北亚区域经济一体化的发展带来很多不确定性。

3.4.2 经济发展水平差异

在东北亚区域内，各个国家的经济发展不平衡，既有发达国家，也有发展中国家，由于各自所处经济发展阶段不同，面临的环境问题的轻重缓急不同，对环境问题的关注也各有侧重。例如，日本是世界经济大国、发达国家，经过多年的环境治理，国内环境问题基本已经得到控制和解决，是区域环境合作中较为关注跨界污染问题的国家；韩国近年来经济发展水平不断提高，国内的环境状况也取得了较大改善，关注的重点也开始从国内环境污染问题转向区域跨界污染问题；中国作为发展中国家，经济发展正处于重要转型时期，国内环境问题凸显，未来中国经济将在转型与发展中面临较大的环境压力，节能减排和生态治理的任务越发紧迫，因此对国内环境问题的解决十分关注；蒙古国和朝鲜经济基础相对薄弱，主要注重经济的发展，在一定程度上并不积极参与东北亚地区环境合作。各国对环境问题的关注各有侧重，导致各国间交流不畅、资金支持迟迟不能到位，在不同程度上阻碍了区域环境合作的进程。

3.4.3 国别文化影响差异

东北亚地缘广袤，区域内人口众多，历史发展悠久，长期以来是一个多民族的聚集地。例如，中国有 56 个民族，蒙古国有 20 多个少数民族，俄罗斯有 190 多个民族。东北亚地区还是多宗教的地区，区域内各国民众信奉的宗教包括佛教、基督教、儒教、天道教、天主教、喇嘛教、伊斯兰教、犹太教等。此外，东北亚还是一个多语言的地区，使用的语言包括汉语、日语、韩语、俄语、蒙古语等。

多民族、多宗教、多语言等因素使东北亚地区的人们，无论是在历史和文化传统、宗教信仰、民族性格、生活习俗上，还是在道德伦理、价值取向、行为准则、思想方式、文化色彩上，都存在明显的差异，而区域内文化的复杂性和多元性由此而生，其结果之一就是相互关系的排斥和松散，反映在区域合作上就是缺乏向心力和融合性，其集中表现就是区域意识的认同感较为缺失。从构建主义的角度出发，认同是能够产生动机和行为倾向的有意图行为体的一种属性。文化、认同、规范构成了构建主义的核心概念，文化或共有的观念决定了国家之间的认同。共同的区域意识是推进东北亚区域合作的基础。共同的区域意识与民族主义和文化意识差异存在相关性。民族主义是以民族国家为基本单位、以民族国家利益为核心的，它反映一个民族国家与其他民族国家以及当今世界的关系，同时也反映一个国家的历史传统、文化特点和民族性格，东北亚区域内的国家都有自己的民族特点。历史上，儒家文化思想传播到东北亚的大部分国家，但由于近代东北亚各国受西方文化的渗透，引起东北亚文化的分化，形成了不同的文化体系，因此产生了各国文化意识的差异性和多样性。这些都导致东北亚区域意识的缺失，东北亚各国地区认同感的缺失不利于东北亚共同价值观、内聚力和互相信赖的形成，制约着东北亚区域合作的进程。

3.4.4　区域内国家历史因素

历史问题是东北亚区域一直存在的问题，也是无法回避的问题，主要包括历史认识问题和领土问题，这阻碍着东北亚区域合作的发展。历史认识问题包括日本如何正确认识其发动的对外侵略战争，日本对侵略战争认识的态度。其错误的认识影响了与区域内中国及韩国的关系，也成为影响东北亚区域合作发展的不利因素之一。

领土问题涉及各国主权和根本利益，是影响国家间关系的重要因素。保证国家的领土完整是每个国家最重要的任务。目前东北亚区域在领土问题上存在较大分歧，其中主要为日本和俄罗斯之间的"北方领土"归属问题、日本与韩国关于竹岛（韩国称"独岛"）的归属问题等。领土问题是历史遗留问题，各国出于现实主义考虑，在领土问题上经常是剑拔弩张的状态。一些棘手的问题有引发争端的可能性，这些问题需要在适当的时间以适当的方法去解决。这些问题和国家间安全观的分歧使"安全困境"成为很难逾越的障碍。在东北亚区域内，尤其是有关国家在领土等问题上的争端以及该地区广泛存在的安全困境，严重制约着环境领域合作的深入。各国在领土问题上的互不相让都是基于现实主义的考虑，这导致东北亚地区各国环境合作要走向深入必定面临着诸多困难。

3.4.5　环境外交政策差异

在外交政策上，中日韩三国作为东北亚区域内合作的核心国家，其对外环境政策直接影响着东北亚环境治理的进程。中国虽然作为一个发展中国家，但是在对外环境政策上一贯坚持发展中国家和发达国家"共同但有区别的责任"原则，抵制与自身发展水平不相适应的环保义务。在东北亚环境治理问题上，中国同意东北亚环境合作的基本原则，并且积极参与为此而开展的各种会议和行动计划，但中国一贯强烈反对以环境保护为理由，对中国设置贸易壁垒甚至对中国主权进行干涉。作为发达国家的日本，在环境问题上关注的是酸雨、沙尘暴等跨国境大气污染以及海上油污泄漏、核废弃物的海上投掷等海洋污染问题，这样的环境问题容易引起对污染源国生产方式和产业结构的指责，以及引起区域内国家之间的政治纠纷。相对于中日两国，韩国的环境外交政策也具有自己鲜明的特点。韩国对于国际环境合作问题的关注不仅限于环境问题本身，更是出于对其国家经济发展和国家安全等环境外部因素的考虑。出于维护国家利益的角度考虑，中日韩三国在对外环境政策上的不一致也给东北亚地区的环境治理带来不利影响。

3.5 东北亚区域环境治理的必要性

自 21 世纪以来，东北亚区域已经成为世界上最具经济发展活力和潜力的地区之一，但随着经济的快速发展，区域内环境污染问题也已成为各国必须面对和解决的问题。从地理位置来看，东北亚区域位于太平洋西北部，地理位置相连、系统相接，又处于同一季风模式下（薛晓芃，2013）。东北亚区域的地理环境和污染物的空间扩散特性决定了一国国内的污染极易扩散至邻国，进而造成跨界环境问题。从发展潜力来看，东北亚地区六国人口约占全球人口的 23%，国内生产总值占全球经济总量的 19%，地区能源资源丰富，具有世界领先的科技研发能力，资金和人力资源充足，各国经济发展各具优势，特点鲜明，互补性强①。区域内各个国家在经济、文化等方面虽然具有较大差异性，但是区域内国家间的经贸合作并未受到影响。加强区域环境治理，既是东北亚区域一体化机制不断发展的结果，也是区域内环境状况不断恶化和跨界污染问题愈演愈烈的现实要求。

---

① 参见《东北亚合作创造发展新机遇》：http：//politics.gmw.cn/2018 - 09/13/content_ 31145432.htm。

3.5.1　区域内环境问题日益恶化

自 20 世纪 50 年代以来，东北亚区域主要国家依次实现经济的高速发展，1956~1973 年，日本以重化工业为经济发展重心，实现了 18 年的经济高速增长，于 20 世纪 60 年代后期成为世界第二大经济体。随后，韩国在 20 世纪七八十年代以电子工业和汽车工业的快速发展实现了 20 年的经济高速增长。自 20 世纪 80 年代以来，中国经济持续快速发展，在 2010 年中国经济总量超过日本，成为世界第二大经济体。经济的高速发展带来的是区域内各国和区域环境问题的频发和持续恶化。日本在 20 世纪 60 年代暴发了水俣病、四日市哮喘病和骨痛病等严重的环境公害问题。韩国从 20 世纪 70 年代起就一直存在严重的大气污染和淡水污染问题。中国同样也爆发了环境问题，如酸雨、江湖水质恶化、生态环境退化、雾霾等。针对各国的环境问题，每个国家都有相应的环境政策和法律，但环境污染具有扩散性和流动性，因此也就产生了跨国界的环境问题。

随着东北亚经济的快速发展，区域环境问题越来越严重，这包括大气污染、海洋污染以及生态系统和生物多样性的破坏，其中以大气污染最为严重。东北亚区域已成为全球空气污染最为严重的区域之一。从地理位置来看，东北亚地区的国家处于同一季风性气候带，因此，任何一个国家排放的工业废气、二氧化硫等都可能随着风跨越边界飘到这一地区的其他国家并对其造成污染。东北亚区域内的国家既是污染的排放国，也是污染的受害国。东北亚地区主要的跨界大污染为酸沉降问题。东北亚地区的跨界酸雨污染问题日趋严重，并有可能像 20 世纪的欧洲和北美洲国家一样，出现严重的地区性跨境酸雨污染问题（王朝梁，2008）。

区域内环境问题的解决不同于一国内环境问题的解决，需要区域内国家联合行动，共同应对。自 1991 年以来，东北亚区域内就开始了关于环境问题的区域合作，并且区域环境合作日趋紧密，但区域内环境污染问题仍在持续恶化。为保护区域生态环境，解决区域内生态环境的退化问题，实现区域的可持续发展，亟须建立完善、有效、可行的区域环境治理机制。

3.5.2　环境问题倒逼环境合作治理

　　环境外溢效应是指环境问题造成的影响已经超越了人为边界所能设定的，也是人为的边界无法控制和阻挡的（谢晓光，2010）。东北亚区域在生态环境和地理环境上属于一个整体，联系紧密，共享森林、海洋、空气等环境资源。东北亚区域虽然在经济上实现了高速发展，但是"先发展、后治理"的发展模式给区域内国家带来了跨界环境污染的危害，即环境区域公害的外溢效应严重危害了东北亚的经济和社会发展。从现实情况来看，环境治理已经成为东北亚各国共同关注的重要课题，并符合各国的共同利益。中国、日本、韩国三个东北亚核心国家内部治理的外溢效应可以证明这一点。日韩两国，从其国内政治来说，执政党的任何懈怠都会受到反对党的指责，为了民意支持率，执政者必须关注民生问题，尤其是人们所关心的环境问题，因此日韩两国外交政策中很重要的一部分就包括开展环境合作。中国的可持续发展理念已深入人心，愿意与区域内国家展开合作。由此可见，环境保护与治理符合区域内各国的共同利益。

3.5.3　"囚徒困境"需要合作破解

　　自 20 世纪 90 年代以来，随着中日两国在双边贸易方面的快速发展，两国在环境保护领域也开展了广泛的合作。虽然因日本"购岛"事件导致了两国在经贸合作、民间交流等方面出现了较为明显的"降温"，但环境合作始终是双边共同关注的课题。在全球气候环境问题日益凸显，环境问题的巨大辐射效应已严重威胁到区域安全与稳定的新形势，两国政府均意识到环境保护领域的进一步合作符合双方的共同利益。一方面，中国经济快速发展产生的环境污染，引起了周边国家对中国生态问题的关注。另一方面，2011 年日本"3·11"大地震所引发的福岛核事故对日本核电行业及国内环境安全造成了巨大的冲击，突如其来的核污染不仅引发日本民众的恐慌情绪，而且严重威胁到周边国家的生态环境。毫无疑问，面对生态环境治理的共同议题，中日两国具有在环境领域开展合作的必要性。在东北亚区域内，中国作为最大的发展中国家，日本作为发达国家，两国的合作具有代表性意义，可以对其他区域内国家起到示范作用。因此，下面将以中日两国为例，利用"囚徒困境"模型进行分析。

3.5.3.1 "囚徒困境"的建立与假设

（1）在两个博弈主体中，日本和中国两者均是理性的，收益最大化是其追求目标。

（2）日本和中国保护环境的努力及投入程度取决于最终收益的分配方法，即π值的确定方法。

（3）两者治理和保护环境可以实现效益的良性发展：一方面，中国保护环境的努力程度 $R'(t)$ 影响服务的供给；另一方面，日本对环境的治理及对服务的支付 $U'(t)$ 都需要一定的经济投入，且对服务的支付会影响中国对服务供给的积极性。效益的动态变化过程可以表示为

$$S(t)=\alpha R'(t)+\beta U'(t)+\lambda f(R'(t),U'(t))$$

式中：α、β 分别表示日本和中国保护环境的努力程度对效益的影响系数。

（4）经济收益 $Y(t)$ 为

$$Y(t)=\mu_1 R(t)+\mu_2 U(t)+\gamma S(t)$$

式中：$R(t)$ 表示中国发展经济的投入变量；$U(t)$ 表示日本发展经济的投入变量；μ_1，μ_2 分别表示中国和日本的投入变量对经济效益的影响系数；由于环境最终影响到经济发展，因此把收益 $S(t)$ 作为经济收益的一个影响因子，影响系数用 γ 表示；长期忽略对环境的保护会导致经济利益的损失，不仅治理成本加大，而且环境制约经济发展，在此假设其惩罚因子为 $W(t)$。

（5）中国保护环境的成本为

$$C(r)=\frac{1}{2}\theta_r R(t)^2$$

式中：θ_r 为中国保护环境的成本系数。

日本保护环境的成本为

$$C(u)=\frac{1}{2}\theta_u U(t)^2$$

式中：θ_u 为日本保护环境的成本系数，$\theta_r>0$，$\theta_u>0$。

（6）环境保护间的收益按百分比匹配，中国的收益为 $\pi Y(t)$，日本的收益为$(1-\pi)Y(t)$。其中，π 表示中国在总体收益分配中所占的比例，$(1-\pi)$为日本在总体收益分配中所占的比例。

3.5.3.2 "囚徒困境"模型的求解

整理"囚徒困境"博弈的基本博弈结构，可更清楚地分析"囚徒困境"（张新立等，2015）。本书的模型借鉴牛东旗和王玉翠（2013）的博弈求解思路，计算其不同选择下的双方期望净收益。下面将结合这种原始"囚徒困境"的策略型双方策略收益矩阵表示相关行为（见表3-4）。

表3-4 "囚徒困境"下中国和日本环境合作的策略收益

U/R	Rn	Ry
Un	$\begin{bmatrix}\dfrac{\pi^2\mu_1^2}{2\theta_r}+\dfrac{\pi(1-\pi)\mu_2^2}{\theta_u}+\\ \pi(\gamma\alpha R'(t)+\gamma\beta U'(t)+\gamma\lambda d),\\ \dfrac{\pi(1-\pi)\mu_1^2}{\theta_r}+\dfrac{(1-\pi)^2\mu_2^2}{2\theta_u}+\\ (1-\pi)(\gamma\alpha R'(t)+\gamma\beta U'(t)+\gamma\lambda d)\end{bmatrix}$	$\begin{bmatrix}\dfrac{(2\pi-1)\mu_1^2}{2\theta_r}+\dfrac{\pi(1-\pi)\mu_2^2}{\theta_u}+\\ \pi(\gamma\alpha R'(t)+\gamma\beta U'(t)+\gamma\lambda d),\\ \dfrac{(1-\pi)\mu_1^2}{\theta_r}+\dfrac{(1-\pi)^2\mu_2^2}{2\theta_u}+\\ (1-\pi)(\gamma\alpha R'(t)+\gamma\beta U'(t)+\gamma\lambda d)\end{bmatrix}$
Uy	$\begin{bmatrix}\dfrac{\pi^2\mu_1^2}{2\theta_r}+\dfrac{\pi\mu_2^2}{\theta_u}+\\ \pi(\gamma\alpha R'(t)+\gamma\beta U'(t)+\gamma\lambda d),\\ \dfrac{\pi(1-\pi)\mu_1^2}{\theta_r}+\dfrac{(1-2\pi)\mu_2^2}{2\theta_u}+\\ (1-\pi)(\gamma\alpha R'(t)+\gamma\beta U'(t)+\gamma\lambda d)\end{bmatrix}$	$\begin{bmatrix}\dfrac{(2\pi-1)\mu_1^2}{2\theta_r}+\dfrac{\pi\mu_2^2}{\theta_u}+\\ \pi(\gamma\alpha R'(t)+\gamma\beta U'(t)+\gamma\lambda d),+\\ \dfrac{(1-\pi)\mu_1^2}{\theta_r}+\dfrac{(1-2\pi)\mu_2^2}{2\theta_u}+\\ (1-\pi)(\gamma\alpha R'(t)+\gamma\beta U'(t)+\gamma\lambda d)\end{bmatrix}$

注：U 表示日本，R 表示中国；y 表示合作，n 表示不合作。

根据博弈收益矩阵可以得出:个体利益最大化就是不合作。当日本选择环境合作时,中国选择不合作行为时的收益明显大于其选择合作行为时的收益,即

$$\frac{\pi^2\mu_1^2}{2\theta_r}+\frac{\pi}{\theta_u}\mu_2^2+\pi(\gamma\alpha R'(t)+\gamma\beta U'(t)+\gamma\lambda d)\geqslant$$

$$\frac{(2\pi-1)\mu_1^2}{2\theta_r}+\frac{\pi}{2\theta_u}\mu_2^2+\pi(\gamma\alpha R'(t)+\gamma\beta U'(t)+\gamma\lambda d)$$

当日本拒绝环境合作时,中国的最优策略还是不合作,即

$$\frac{\pi^2\mu_1^2}{2\theta_r}+\frac{\pi(1-\pi)\mu_2^2}{\theta_u}+\pi(\gamma\alpha R'(t)+\gamma\beta U'(t)+\gamma\lambda d)\geqslant$$

$$\frac{(2\pi-1)\mu_1^2}{2\theta_r}+\frac{\pi(1-\pi)\mu_2^2}{2\theta_u}+\pi(\gamma\alpha R'(t)+\gamma\beta U'(t)+\gamma\lambda d)$$

上述"囚徒困境"博弈是博弈双方在占优策略的选择中陷入环境不合作的困境,不利于经济的可持续发展。如果换一个角度从纳什均衡看,在上述原始"囚徒困境"博弈模型中加入惩罚因子,就得到演化的"囚徒困境"博弈模型(见表3-5)。

表3-5 中国和日本环境合作的虚拟博弈策略收益

U/R	R_n'	R_y'
U_n'	$\left[\begin{array}{l}\frac{\pi^2\mu_1^2}{2\theta_r}+\frac{\pi(1-\pi)\mu_2^2}{\theta_u}+\\ \pi(\gamma\alpha R'(t)+\gamma\beta U'(t)+\gamma\lambda d)-W(t),\\ \frac{\pi(1-\pi)\mu_1^2}{\theta_r}+\frac{(1-\pi)^2\mu_2^2}{2\theta_u}+\\ (1-\pi)(\gamma\alpha R'(t)+\gamma\beta U'(t)+\gamma\lambda d)+W(t)\end{array}\right]$	$\left[\begin{array}{l}\frac{(2\pi-1)\mu_1^2}{2\theta_r}+\frac{\pi(1-\pi)\mu_2^2}{\theta_u}+\\ \pi(\gamma\alpha R'(t)+\gamma\beta U'(t)+\gamma\lambda d),\\ \frac{(1-\pi)\mu_1^2}{\theta_r}+\frac{(1-\pi)^2\mu_2^2}{2\theta_u}+\\ (1-\pi)(\gamma\alpha R'(t)+\gamma\beta U'(t)+\gamma\lambda d)-W(t)\end{array}\right]$
U_y'	$\left[\begin{array}{l}\frac{\pi^2\mu_1^2}{2\theta_r}+\frac{\pi}{\theta_u}\mu_2^2+\\ \pi(\gamma\alpha R'(t)+\gamma\beta U'(t)+\gamma\lambda d)-W(t),\\ \frac{\pi(1-\pi)\mu_1^2}{\theta_r}+\frac{(1-2\pi)\mu_2^2}{2\theta_u}+\\ (1-\pi)(\gamma\alpha R'(t)+\gamma\beta U'(t)+\gamma\lambda d)\end{array}\right]$	$\left[\begin{array}{l}\frac{(2\pi-1)\mu_1^2}{2\theta_r}+\frac{\pi}{\theta_u}\mu_2^2+\\ \pi(\gamma\alpha R'(t)+\gamma\beta U'(t)+\gamma\lambda d),\\ \frac{(1-\pi)\mu_1^2}{\theta_r}+\frac{(1-2\pi)\mu_2^2}{2\theta_u}+\\ (1-\pi)(\gamma\alpha R'(t)+\gamma\beta U'(t)+\gamma\lambda d)\end{array}\right]$

注:U 表示日本,R 表示中国;y'表示合作,n'表示不合作。

加入惩罚因子后，博弈框架下的四种博弈策略，选择不合作的一方获得收益明显小于原始博弈的收益。例如，日本选择环境合作、中国选择不合作时，中国选择不合作在演化博弈中的收益小于原始博弈中的收益，即

$$\frac{\pi^2\mu_1^2}{2\theta_r}+\frac{\pi(1-\pi)\mu_2^2}{\theta_u}+\pi(\gamma\alpha R'(t)+\gamma\beta U'(t)+\gamma\lambda d)-W(t)\leqslant$$

$$\frac{\pi^2\mu_1^2}{2\theta_r}+\frac{\pi(1-\pi)\mu_2^2}{\theta_u}+\pi(\gamma\alpha R'(t)+\gamma\beta U'(t)+\gamma\lambda d)$$

由此可见，东北亚区域环境治理的前提是区域合作，东北亚解决环境合作问题的思路应该是构建区域环境共同体。在解决区域环境问题中，不可避免地会产生利益的分歧，由于环境在区域空间的关联性特征，解决环境合作中利益的分歧需要各方对环境问题形成共识。构建环境合作共同体主要是对环境主体分配责任，责任的分配和实施是建立在一定共识基础上的。东北亚区域环境问题之中有冲突但也有区域的共同利益，如果东北亚各国都从自身收益最大化出发，集体行动就会失败，环境共同体也就无法形成。因此，各国应从长期利益出发，对环境问题达成共识，充分发挥环境共同体在治理东北亚区域环境问题中的作用。

3.5.4　区域可持续发展的需要

1987 年，挪威首相布伦特兰夫人在联合国世界环境与发展委员会上发表题为《我们共同的未来》的报告，阐述了"既满足当代人的需求，又不对后代人满足其自身需求能力构成危害的发展"即可持续发展的思想。2015 年 9 月 25 日，联合国可持续发展峰会通过了《2030 年可持续发展议程》，明确了 17 项可持续发展目标和 169 项具体目标，这些目标体现了经济、社会和环境三个方面的可持续发展，三者是整体的，不可分割的。区域可持续发展是指寻求区域经济发展与其环境之间的最适合关系，以实现区域经济与人口、资源、环境之间保持和谐、高效、优化、有序的发展（丁生喜，2018）。它的实质是在区域发展过程中要充分考

虑到区域自然资源的长期供给能力和生态环境的长期承受能力，在确保区域经济获得稳定发展、增长的同时，谋求区域人口增长得到有效的控制、自然资源得到合理的开发利用、生态环境保持良性循环发展。环境质量的整体性和环境问题的全球性，决定了解决环境污染问题必须打破国家的界限，进行区域间乃至全球性的合作，需要克服各国文化和意识等方面的差异，在区域环境治理方面采取协调一致的治理方式。区域环境治理是保障区域生态环境良好发展，保证区域内各个参与主体之间相互联系、相互辅助，共同承担区域环境污染责任的必然选择，同时也是区域可持续发展的重要内容，其重要性日益凸显。

3.6　东北亚区域环境治理的可行性

3.6.1　人类命运共同体理念的引领

人类命运共同体是中国为全球治理提供的中国方案，从 2011 年国务院发布的《中国的和平发展》白皮书中首次提出"命运共同体"，到 2021 年习近平主席在领导人气候峰会上提出共同构建人与自然生命共同体。高金萍（2021）认为，在这 10 年的时间里，中国提出人类卫生健康共同体、人类安全共同体、人类人文共同体、人与自然生命共同体，为"持久和平、普遍安全、共同繁荣、开放包容和清洁美丽"的人类命运共同体理念提供了系统化的理论阐释，形成了从整体到局部的理论架构，从而实现了"社会理想—治理理念—科学理论"的三段式发展，同时人类命运共同体的内容越来越丰富，越来越完善，为全球治理转型提供了坚实的理论指引和顶层设计。如表 3-6 所示，自 2013 年习近平主席首次提出人类命运共同体这一理念以来，其成为中国外交政策的重要思想。

表 3-6　人类命运共同体思想提出一览表

时间	场合	标题	相关内容
2011 年 9 月 6 日	国务院新闻办公司发布外交白皮书	《中国的和平发展》	不同制度、不同类型、不同发展阶段的国家相互依存、利益交融，形成你中有我、我中有你的命运共同体
2013 年 4 月 7 日	在博鳌亚洲论坛2013 年年会上的主旨演讲	《共同创造亚洲和世界的美好未来》	人类只有一个地球，各国共处一个世界。共同发展是持续发展的重要基础，符合各国人民长远利益和根本利益。我们生活在同一个地球村，应该牢固树立命运共同体意识，顺应时代潮流，把握正确方向，坚持同舟共济，推动亚洲和世界发展不断迈上新台阶
2014 年 3 月 27 日	在巴黎联合国教科文组织总部的演讲	《在联合国教科文组织总部的演讲》	当今世界，人类生活在不同文化、种族、肤色、宗教和不同社会制度所组成的世界里，各国人民形成了你中有我、我中有你的命运共同体
2015 年 9 月 28 日	第十七届联合国大会一般性辩论会时的讲话	《携手构建合作共赢新伙伴，同心打造人类命运共同体》	我们要继承和弘扬联合国宪章的宗旨和原则，构建以合作共赢为核心的新型国际关系，打造人类命运共同体
2016 年 1 月 21 日	在阿拉伯国家联盟总部的演讲	《共同开创中阿关系的美好未来》	中国坚持走和平发展道路，奉行独立自主的和平外交政策，实行互利共赢的对外开放战略，着力点之一就是积极主动参与全球治理，构建互利合作格局，承担国际责任义务，扩大同各国利益汇合，打造人类命运共同体
2017 年 5 月 5 日	在"一带一路"国际合作高峰论坛圆桌峰会上的开幕辞	《开辟合作新起点　谋求发展新动力》	在"一带一路"建设国际合作框架内，各方秉持共商、共建、共享原则，携手应对世界经济面临的挑战，开创发展新机遇，谋求发展新动力，拓展发展新空间，实现优势互补、互利共赢，不断朝着人类命运共同体方向迈进
2018 年 4 月 10 日	在博鳌亚洲论坛2018 年年会开幕式上的主旨演讲	《开放共创繁荣　创新引领未来》	从顺应历史潮流、增进人类福祉出发，提出推动构建人类命运共同体的倡议，希望各国人民同心协力、携手前行，努力构建人类命运共同体，共创和平、安宁、繁荣、开放、美丽的亚洲和世界

续表

时间	场合	标题	相关内容
2020 年 11 月 21 日	在二十国集团领导人第十五次峰会第一阶段会议上的讲话	《勠力战"疫"共创未来》	当前最紧迫的任务是加强全球公共卫生体系，防控新冠疫情和其他传染性疾病。要加强世界卫生组织作用，推进全球疾病大流行防范应对，扎牢维护人类健康安全的篱笆，构建人类卫生健康共同体
2021 年 4 月 22 日	领导人气候峰会上的重要讲话	《共同构建人与自然生命共同体》	面对全球环境治理前所未有的困难，国际社会要以前所未有的雄心和行动，共商应对气候变化挑战之策，共谋人与自然和谐共生之道，勇于担当，勠力同心，共同构建人与自然生命共同体

人类命运共同体是中国为全球治理提供的中国方案，是习近平生态文明思想理论体系的核心和基础。中国秉承着人类命运共同体的理念，积极推动国内生态环境治理和全球范围内的环境合作治理，人类命运共同体视角下的环境治理体系既关注中国国内环境治理，也是中国积极参与全球环境治理的体现。

3.6.2 域内国家合作日趋频繁多样

当前的国际形势下，经济全球化的趋势仍会持续，虽然近几年出现一些以英国、美国为首的逆全球化发展态势，但经济全球化是当今时代最重要的发展特征。经济的全球化既是一种客观事实，也是一种实际发展趋势，对世界历史进程和全球各国的发展影响得越来越深刻。区域合作是 21 世纪最重要的国际合作形式之一，区域合作的参与方大部分是周边国家，因而其具有重要的战略地位和高度的利益关联性。近年来，东北亚区域合作取得较大的进展：2018 年，中国国家主席习近平在第四届东方经济论坛致辞中提出构建东北亚经济圈的共同目标；2019 年，东北亚区域国家之间关系转圜；2020 年，包括中日韩在内的 15 个国家正式签署区域全面经济伙伴关系协定（RCEP），这进一步推进了中日韩自由贸易协定的进展，中国"一带一路"倡议在东北亚区域内取得进一步发展。2020 年新冠疫情在全球蔓延，区域内国家积极合作，实现良性互动，区域内合作共识加大，这些东北亚区域地缘变化向好的方向发展促进了东北亚区域合作的发展，也为区域环境合作治理的可行性提供了保障。

3.6.3　环境治理科技贡献更加突出

科学技术是人类进步的原动力，从历史的角度来讲，每次科技革命都推动着人类社会的发展。科技发展在改造社会环境的同时会影响到自然环境，但总体是旨在适当改造和保护环境。现代科技带给我们的是日新月异的变化和更新更快解决问题的方法。环境问题是由于发展方式不当造成的，而发展方式不当，除受制于观念之外，在很大程度上更受制于科技发展水平。科技的落后，体现在生产和经济增长方式的落后上，以高投入、高消耗、高污染换取经济增长，破坏了自身发展的持久性和长远性。唯有加强科技进步和自主创新，才能从根本上转变经济增长方式，才能培育环境保护产业，创新环境保护技术和手段，使我们的发展符合生态文明的时代需要，符合绿色经济的先进发展潮流，从而为全球环境治理提供有力保障（崔达，2008）。

日本科技发展排在世界前列，科学技术的提高为环保产业发展提供了动力，环保产业的发展同时刺激了环保技术的发展。日本的环保技术世界领先，部分环境项目技术甚至超过美国。日本发展了低成本、高效益的新型污染治理技术，创造了节约能源和其他资源的全新低废生产工艺流程。日本环保技术的先进性，不仅为本国的环保产业发展提供了保障，而且为东北亚区域环境治理提供了一定的技术支持。

3.7　本章小结

　　首先，本章系统地总结了东北亚区域环境的现状，东北亚区域环境治理的现状，随后分析了东北亚区域环境治理存在的问题和区域环境治理发展的制约因素。其次，依据存在的问题和制约因素，提出东北亚区域环境问题具有治理的必要性和可行性。区域内环境问题的恶化、环境治理问题产生的外溢效应、单边利益博弈带来的"囚徒困境"、区域的可持续发展，这些都表明了区域环境治理的必要性。随着跨国界环境问题的增加，中国提出人类命运共同体的理念；"一带一路"倡议、中日韩自由贸易协定、RCEP、共同抗疫等方面的交流合作促进了区域环境合作治理的发展；科技的发展为环境治理提供了技术支持。这为东北亚区域生态环境治理发展提供了条件。

❹
东北亚区域环境污染成因分析

伴随科技的进步和经济的发展，人类活动对生态环境产生影响，全球环境日趋恶化。环境污染的产生有其深刻的经济、社会原因，区域环境污染是经济因素和社会因素共同作用产生的。就东北亚区域而言，环境污染受社会经济等多因素影响。

4.1 社会和经济因素

随着经济的发展、人口的增加、城市化进程的加快、森林的过度砍伐等，环境污染范围逐渐扩大，这引发了一系列环境问题，包括全球变暖、生物多样性减少、土地荒漠化、工业废水排放引起的水污染等。

4.1.1 工业化与环境

自 18 世纪中叶的工业革命以来，人类对自然开发利用的能力提高，工业发展的同时，人类的经济活动也对生态环境带来一定的影响。随着人类向自然的过度索取，导致资源枯竭，自然生态系统被严重破坏。工业化对生态环境的影响主要体现在资源开发、资源利用、人工改造、环境破坏及环境污染等方面。近代工业化时期，人类在经济得到快速发展的同时，对环境的破坏和污染也日益严重，主要体现在：第一，工业生产过程中所排放的有毒、腐蚀性、传染性、有化学反应性的有害固体废物排放到地球表面造成土地污染；第二，工业生产过程中产生的废水和废液等污染物的排放造成水污染；第三，工业生产、机动车辆等造成大气污染。

环境污染问题是工业化发展的衍生物，工业污染和城市污染积累到一定程度就产生了环境危机。发生在发达国家的环境污染以大气污染最为严重，严重的环境事件和公害事件大都发生在发达国家。对于东北亚区域而言，以日本为例，日本的工业在"二战"后实现快速发展，在战后20世纪50~70年代，由于资本主义经济的恶性发展、工业的畸形布局、城市人口的膨胀，经历了一段以牺牲环境为代价的经济高速增长期。发展中国家在发达国家的经验影响下，在解决环保问题方面取得了重大进展，但环境污染问题仍然严峻。发展中国家的一个突出问题是，要解决贫穷与落后就必须走工业化发展的道路，而经济的增长必然引起环境污染和生态条件的恶化。因此，在国际环境治理的过程中，发展中国家提出应实行"共同但有区别的责任"原则，不能因环境问题而阻碍发展中国家发展。近年来，东北亚区域经济发展迅速，是全球经济发展最具活力的地区之一（见表4-1），东北亚区域内汇集着世界经济总量排名第二的中国和第三的日本，经济总量占世界经济总量的20%以上，其中2018年占世界GDP总量的25%。与全球经济发展相比，东北亚区域经济呈逆势上扬的态势。然而，粗放的经济增长方式必定会引起环境污染，环境污染问题会破坏生态系统、影响粮食生产，以及对整个社会经济系统带来负面影响。

表4-1　2009~2020年东北亚区域各国GDP、GDP增长率（按现价美元计）

年份	中国		俄罗斯		日本		韩国		朝鲜		蒙古国	
	GDP (亿美元)	增长率 (%)	GDP (亿美元)	增长率 (%)	GDP (亿美元)	增长率 (%)	GDP (亿美元)	增长率 (%)	GDP (亿美元)	增长率 (%)	GDP (亿美元)	增长率 (%)
2009	51017	9.4	12226.4	-7.8	52313.8	-5.4	9019.3	0.7	250.7	-0.9	45.8	-1.3

续表

年份	中国		俄罗斯		日本		韩国		朝鲜		蒙古国	
	GDP (亿美元)	增长率 (%)	GDP (亿美元)	增长率 (%)	GDP (亿美元)	增长率 (%)	GDP (亿美元)	增长率 (%)	GDP (亿美元)	增长率 (%)	GDP (亿美元)	增长率 (%)
2010	60871.6	10.6	15249.2	4.5	57001	4.2	10945	6.5	249.4	-0.5	71.9	6.4
2011	75515	9.6	20516.6	4.3	61574.6	-0.1	12024.6	3.7	251.4	0.8	104.1	17.3
2012	85322.3	7.9	22102.6	3.7	62032.1	1.5	12228.1	2.3	254.7	1.3	122.9	12.3
2013	95704.1	7.8	22971.3	1.8	51557.2	2	13056	2.9	257.4	1.1	125.8	11.6
2014	104385.3	7.3	20599.8	0.7	48504.1	0.4	14113.3	3.3	260	1	122.3	7.9
2015	110155.4	6.9	13635.9	-2.3	43894.8	1.2	13827.6	2.9	257.1	-1.1	118.5	2.4
2016	111379.5	6.7	12827.2	0.3	49266.7	0.6	14148	2.9	267.1	3.9	111.9	1.2
2017	121434.9	6.9	15786.2	1.6	48599.5	1.9	15307.5	3	257.8	-3.5	114.3	5.3
2018	136081.5	6.6	16575.5	2.3	49709.2	0.8	16194.2	2.7	247.2	-4.1	130.1	6.9
2019	142799.4	5.9	16874.5	2.0	50648.7	0.3	16467.4	2.0	—	—	134.0	5.2
2020	147227.3	2.3	14835.0	-3.0	50200.0	-4.6	16305.3	0.1	—	—	131.4	-5.3

资料来源：世界银行 WDI 数据库，朝鲜数据根据韩国中央银行数据整理。日本 2020 年 GDP 数据在世界银行数据库中未找到，数据来源为日本内阁府网站。

4.1.2　人口与环境

人口是影响环境的一个非常关键的因素，人口的增长受到自然资源、环境和生存空间的制约，即环境对人口的承载能力是有限的，而人口正日益冲击着地球的承载能力（尹贵斌，2008）。美国环境学家保罗·埃利希（Paul Ehrlich）和约翰·霍德伦（John Holdren）曾用一个简单公式描述了人口与环境的关系，即 I=PAT。式中：I 为环境影响程度（Impact）；P 为人口规模（Population）；A 为富裕程度（Affluence），可以用人均消费水平或生活水平描述；T 为技术水平（Technology），表示获取或提高富裕水平的技术所造成的环境损害（陈正，2008）。这一公式说明，某一区域的环境状况与该区域内人口数量、人均消费水平及科技水平直接相关。人口对环境的威胁主要来自人口的快速增长引起的资源消耗增长，以及人均消费水平的提高。联合国发布的《世界人口展望（2017 年修订版）》报告显示，预计世界人口数量在 2030 年将达到 86 亿，2050 年将达到 98 亿，2100 年将达到 112 亿。人口的快速增长：一方面，提高了对土地资源、森林资源、草原资源、矿产资源、水资源、能源、生活环境等各种环境资源要素的需求，极易导致自然资源匮乏，生态系统被破坏；另一方面，人口急剧增长导致废水、废气和废渣的排放增加，对环境造成严重的污染。人类既能造成环境污染破坏生态环境，同时也能保护环境实现经济社会的可持续发展。

2018 年，东北亚区域人口合计约为 17.4 亿，约占世界总人口的 23%。2019 年以来，东北亚各国人口增长率均为下降趋势。虽然蒙古国每年保持较高人口增速（2020 年人口增长率比 2019 年仍有所下降），但是其他五国人口增长率均处于较低水平，日本近年来人口更是一直呈负增长，2018 年俄罗斯也出现了人口负增长的情况（见表 4-2）。然而，东北亚区域六国人口基数占世界比重很大，由人口带来的环境压力仍然很大，东北亚区域的人口问题仍对环境安全产生重大威胁。

表 4-2 2010~2020 年东北亚区域各国人口数、人口增长率

年份	中国		俄罗斯		日本		韩国		朝鲜		蒙古国	
	人口数（万人）	增长率（%）	人口数（万人）	增长率（%）	人口数（万人）	增长率（%）	人口数（万人）	增长率（%）	人口数（万人）	增长率（%）	人口数（万人）	增长率（%）
2010	133771	0.48	14285	0.04	12807	0.02	4955	0.5	2455	0.49	272	1.71
2011	134413	0.48	14296	0.08	12783	-0.19	4994	0.77	2467	0.51	277	1.84
2012	135070	0.49	14320	0.17	12763	-0.16	5020	0.53	2480	0.51	282	1.94
2013	135738	0.49	14351	0.21	12745	-0.14	5043	0.46	2493	0.52	288	2
2014	136427	0.51	14382	0.22	12728	-0.13	5075	0.63	2506	0.51	294	2
2015	137122	0.51	14410	0.19	12714	-0.11	5101	0.53	2518	0.5	300	1.96
2016	137867	0.54	14434	0.17	12699	-0.12	5125	0.45	2531	0.49	306	1.91
2017	138640	0.56	14450	0.11	12679	-0.16	5147	0.43	2543	0.48	311	1.86
2018	139273	0.46	14448	-0.01	12653	-0.2	5164	0.33	2555	0.47	317	1.8
2019	139772	0.4	14441	0.0	12626	-0.2	5171	0.2	2566	0.5	323	1.7
2020	140211	0.3	14410	-0.2	12584	-0.3	5178	0.1	2578	0.4	328	1.6

资料来源：世界银行 WDI 数据库。

4.1.3 城市化与环境

所谓城市化是随着社会生产力的发展而产生的，农村人口向城市人口转变，第一产业向第二、第三产业转变，以及农村空间形态向城市空间形态转变的过程。从全世界来看，城市化程度逐年加深。在全球范围内，居住在城市地区的人口多于农村地区，《世界城市化展望（2018 年修订版）》显示，1950 年城市人口占世界人口的 30%，2018 年城市人口占世界人口的 55%，预计到 2050 年将会有 68% 的人口居住在城市地区。东北亚区域内城市化水平最高的国家为日本，同时也是全世界城镇化程度较高的国家，2018 年日本城镇化比率为 91.62%，日本三大都市圈占日本一半以上的人口，虽然日本政府对大都市进行了积极引导和科学管理，但是由于大量人口的过度集中，住房紧张、交通拥挤、环境污染等问题很难得到解决。

城市化的快速发展给人们的物质生活水平带来很大的提高，但城市化也会产生巨大的能源和资源消耗，以及环境承载能力下降等问题。城市化对环境的影响还体现在土地的占用上，对森林、湿地和海岸生物都会形成压力。城市化的发展不仅是对一国内部的影响，随着它的发展其影响还会发展成区域性及全球性的影响（见表 4-3）。

表 4-3　城市化带来的环境问题及影响

问题种类	主要问题	原因	主要影响	影响的范围
贫困阶段	安全饮用水缺乏；缺少卫生设施；水质的有机污染；无垃圾回收系统	基础设施欠缺和服务不足；快速城市化；收入较少	与卫生相关的健康问题	地方性
工业化阶段	空气污染；水质污染；工业固体废弃物污染	快速工业化；排放的低度处理；缺乏有效的管理	典型的工业污染病；水俣病；地区生态恶化	地方性和区域性
繁荣和大众的消费阶段	二氧化碳排放；氮氧化物集中度高；市政废弃物；二噁英	高消费的生活方式；地方政府缺乏改进措施	全球气候变暖；化学成分和二噁英导致的婴幼儿健康问题；过度开采资源	区域性和全球性

4.1.4 森林覆盖率与环境

森林对人类发展至关重要。联合国《2030 年可持续发展议程》包含
17 个可持续发展目标，169 个具体目标和 230 个指标。议程中指出，森林
资源的保护和管理不仅关系到议程的陆地生物可持续发展（目标 15），还
能从解决贫困（目标 1）、缓解饥饿（目标 2）、提升抵御灾害能力（目标
11）、缓解气候变化（目标 13）等多个目标及相应具体指标方面做出贡献。
准确认知森林资源的现状，对于应对气候变化等环境问题，以及实现与森
林相关的可持续发展目标具有十分重要的意义。森林资源具有生产功能、
社会经济功能及环境保护功能。森林资源既能提供林产品这一有形的经济
效益，又能提供修养、旅游等无形的社会效益，在环境保护方面更是起到
了调节气候、涵养水源、净化空气等作用，尤其是在吸收二氧化碳提供氧
气、减少温室气体排放上起到了重要的作用。人们生产生活的过程中产生
大量的二氧化碳，森林在其生长的过程中吸收大气中的二氧化碳，形成光
合物质，并将其保存起来，森林固碳的速度与森林生物量的增长率成正
比。森林被采伐和利用的过程却是二氧化碳排放的过程。

联合国粮农组织发布的《2015 年全球森林资源评估报告》指出，伴随
着全球人口的增长和经济发展，1990~2015 年，世界森林覆盖率下降了一个
百分点，森林面积减少了 1.29 亿公顷。2015 年，全球森林面积为 39.99 亿
公顷，森林覆盖率为 30.6%，全球 67% 的森林集中在 10 个国家，中国位
居第五位。在东北亚区域内，2015 年森林覆盖率较高的国家为日本
（68.5%）、韩国（63.4%）和俄罗斯（49.8%）（见表 4-4），由于没有查
到朝鲜数据，因此不能确定其森林资源状况。中国虽然森林面积为全球第
五位，但是森林覆盖率只有 22.2%，低于世界 30.6% 的平均值。蒙古国森
林覆盖率远低于世界平均值，在五年时间里已由 2010 年的 8.4% 下降到
2015 年的 8.1%。另外，由于日本和韩国国土面积较少，即使其森林覆盖
率较高，森林面积也很少。

表 4-4 东北亚部分国家森林覆盖率   单位: %

国家	2010 年	2015 年
中国	21.4	22.2
日本	68.5	68.5
韩国	64.0	63.4
蒙古国	8.4	8.1
俄罗斯	49.8	49.8

资料来源: 根据《国际统计年鉴》（2018）整理。

4.2 区域经济发展与环境污染空间面板分析

经济发展与环境污染问题一直是环境经济学的关注热点问题。国外学术界对经济与环境之间关系的实证研究较早。美国学者（Grossman and Krueger，1991）将环境库兹涅茨曲线的方法用于分析环境质量和经济增长之间的关系，针对国际贸易情况与环境质量进行了一系列的实证研究。他们从国际自由贸易对环境状况影响的规模效应、结构效应和技术效应三个层面入手，建立了国际贸易与环境质量的关联性分析框架。同时，利用简化后的回归模型，对 66 个国家包括二氧化硫、烟尘在内的 14 种污染物连续 12 年的动态数据进行了实证分析。结果首次证实了环境状况与人均收入水平之间存在倒"U"形关系，即在经济社会发展的初期，资源密集型产业发展会造成环境污染的不断加剧，而随着经济发展和科技水平的提高，经济社会逐渐由资源密集型发展方式转化为技术密集型、资本密集型发展方式，加之对资源利用效率的提高，环境状况将逐步得到改善。此后环境库兹涅茨曲线被广泛应用于经济增长与环境质量之间的关系。

由于本书研究的东北亚地区涉及六个不同的国家，区域内各个国家的自然资源、经济基础、市场状况、技术水平等方面不尽相同，导致单纯的时间序列回归方法或面板数据分析不再适用于对经济发展与环境质量间复杂关系的分析。因此，本书力图采用空间统计分析方法来对区域数据进行分析，以期得到真实的结论。

4.2.1 模型设定

空间计量模型种类繁多，其中空间误差模型（SEM）和空间自回归模型（SAR）是文献中应用较多的两种模型，因此本书在模型设定上也沿袭这一习惯，即利用 SEM 模型和 SAR 模型来进行二氧化碳排放影响因素的分析。SEM 模型和 SAR 模型的表达式分别如下：

$$y_{it} = X_{it}\beta + \mu_{it} + \alpha_i + \eta_t \tag{4-1}$$

$$\mu_{it} = \lambda \left(\sum_{j=1}^{n} W_{ij} \cdot \mu_{jt} \right) + \varepsilon_{it} \tag{4-2}$$

$$y_{it} = \left(\rho \sum_{j=1}^{n} W_{ij} \cdot y_{jt} \right) + X_{it}\beta + \alpha_i + \eta_t + \varepsilon_{it} \tag{4-3}$$

式中：y 为本书的被解释变量，即二氧化碳排放量；X 为本书的一系列解释变量，包括人均 GDP 的自然对数（lng）及其相应二次项（$\ln^2 g$）、进出口贸易的自然对数（lnx）、森林覆盖率的自然对数（lns）和城镇化率的自然对数（lnc）；W 为空间权重矩阵，本书采用的是经典的 0-1 空间权重，即如果这两个国家在地理上相邻，则 W_{ij} 取值为 1，否则 W_{ij} 取值为 0；$W \cdot \mu$ 和 $W \cdot y$ 分别为误差项之间的交互效应以及被解释变量之间的内生交互效应；ρ 和 λ 分别为空间滞后系数和空间误差系数；α_i 和 η_t 分别为空间固定效应和时间固定效应；ε_{it} 和 μ_{it} 为误差项；β 为待估参数。

4.2.2 数据说明

本部分使用 2009~2018 年东北亚地区六个国家的面板数据，对东北亚环境污染与经济发展之间的关系进行空间面板的实证检验，来测算各种因素对区域环境污染变动的贡献。数据主要来源于世界银行官网。

本章用于实证检验的数据是中国、日本、韩国、蒙古国、朝鲜、俄罗斯这六个国家 2009~2018 年的 GDP、进口、出口、森林覆盖率、人口、二氧化碳排放量这六个指标,一共 360 个样本点的面板数据。面板数据兼有时间序列数据和截面数据的特点,同时,环境库兹涅茨曲线不仅具有截面特征,而且也体现出时序特性,即不仅单个国家的环境污染与经济增长的关系将随着经济发展水平的变化而改变,而且不同发展水平地区的环境与经济增长的关系也呈倒"U"形。

4.2.3　计量结果

4.2.3.1　传统面板数据模型估计与检验结果

本书将东北亚地区的六个国家分别标号为 1~6,其中,中国为 1 号、日本为 2 号、韩国为 3 号、蒙古国为 4 号、朝鲜为 5 号、俄罗斯为 6 号。之后,根据世界地图官网资料整理,列出每个国家地理相邻信息情况,得到表 4-5。

表 4-5　东北亚区域六个国家地理相邻信息

序号	国家	相邻信息
1	中国	4, 5, 6
2	日本	3, 6
3	韩国	2, 5
4	蒙古国	1, 6
5	朝鲜	1, 3
6	俄罗斯	1, 2, 4

由表 4-5 可知,与中国地理相邻的国家有蒙古国、朝鲜和俄罗斯;与

日本地理相邻的国家有韩国和俄罗斯；与韩国地理相邻的国家有日本和朝鲜；与蒙古国地理相邻的国家有中国和俄罗斯；与朝鲜地理相邻的国家有中国和韩国；与俄罗斯地理相邻的国家有中国、日本和蒙古国。

本部分首先用 Panel EGLS 方法分别估计了传统的固定效应模型、时间效应模型，发现具有时间效应的模型拟合效果较差，因此，只使用了固定效应模型，然后根据空间相关性的检验结果，判断是否需要在模型中明确引入空间相关性。利用 Panel EGLS 方法估计传统的固定效应模型回归结果如表4-6所示。

表4-6 传统面板回归结果

	Panel EGLS
$\ln g$	2.038*** (2.95)
$\ln^2 g$	−0.244** (−2.26)
$\ln x$	−0.0255* (−1.89)
$\ln s$	−2.309*** (4.77)
$\ln c$	0.297** (1.91)
常数项	−8.207* (−1.83)
固定效应	Yes
N	60
D.W.	0.493
调整后的 R^2	0.417

注：圆括号内为对应参数的 t 统计量；*、** 和 *** 分别代表10%、5%和1%的显著性水平。

表4-6对应的是传统面板的固定效应模型回归结果，可以看出 D.W.=0.493，说明个体之间存在一定的自相关关系。但这种自相关是否

与空间相关呢？为此本书进一步进行空间自相关性检验，检验结果如表4-7、表4-8所示。

表4-7 东北亚区域六个国家空间固定效应值

国家	α_i
中国	3.1588
日本	−0.7829
韩国	2.0411
蒙古国	−3.2597
朝鲜	−0.1749
俄罗斯	−1.2208

表4-8 空间相关性检验

检验方法	样本数	检验值	临界值	概率
LM 误差	60	8.429	5.99	0.02
LM 自相关	60	15.174	3.84	0.00
LR	60	38.219	3.84	0.00
Moran's	60	9.918	1.96	0.00
Walds	60	13.479	3.84	0.00

表4-7和表4-8报告了空间自相关性检验，可以看出不管是LM误差检验、LM自相关检验、LR检验、Moran's检验还是Wald检验，均表明个体之间存在明显的空间相关关系。如果只是采用普通面板方法进行回归分析，可能会导致估计得到的系数存在偏误，为此，本书后续采用空间计量方法进行建模分析。

4.2.3.2 空间回归模型估计与检验结果

既有时间又有空间固定影响的空间误差模型回归结果如表4-9所示，各国家空间固定效应值如表4-10所示，各国家时间固定效应值如表4-11所示。

表 4-9　空间误差模型回归结果

	SEM
lng	1.829*** (3.97)
$\ln^2 g$	−1.207* (−1.91)
lnx	−1.019** (−2.09)
lns	−2.418*** (5.09)
lnc	0.284** (1.88)
常数项	−0.179** (−2.54)
固定效应	Yes
时间效应	Yes
λ（空间误差系数）	−0.604** (−2.58)
F	211.917*** [0.000]
N	60
调整后的 R^2	0.838
σ^2	0.079
Log-likelihood	−149.257

注：圆括号内为对应参数的 t 统计量；方括号内为对应参数的 p 值；*、**和***分别代表 10%、5%和1%的显著性水平。

表 4-10   东北亚六个国家空间固定效应值

国家	α_i
中国	3.4149
日本	-0.6917
韩国	-1.4536
蒙古国	0.8275
朝鲜	-1.2778
俄罗斯	-2.3309

表 4-11   东北亚六个国家时间固定效应值

年份	η_t
2009	0.029
2010	0.017
2011	-0.082
2012	-0.047
2013	0.072
2014	0.014
2015	-0.029
2016	-0.016
2017	0.039
2018	-0.022

利用空间自回归模型得到的回归结果等如表 4-12、表 4-13、表 4-14 所示。

表 4-12　空间自回归模型回归结果

	SAR
lng	2.074 ***
	(4.85)
$\ln^2 g$	−0.905 ***
	(−3.24)
lnx	−0.403 **
	(−2.24)
lns	−2.887 ***
	(5.26)
lnc	0.398 **
	(1.94)
常数项	−7.45 **
	(−2.03)
固定效应	Yes
时间效应	Yes
ρ（空间自回归系数）	0.407 ***
	(3.82)
F	409.714 ***
	[0.000]
N	60
调整后的 R^2	0.972
σ^2	0.018
对数似然值	−79.408

注：圆括号内为对应参数的 t 统计量；方括号内为对应参数的 p 值； *、 ** 和 *** 分别代表 10%、5% 和 1% 的显著性水平。

表 4-13　东北亚六个国家空间固定效应值

国家	α_i
中国	3.1604
日本	−0.2818
韩国	−1.4519
蒙古国	1.8209
朝鲜	−0.4073
俄罗斯	2.0953

表 4-14   东北亚六个国家时间固定效应值

年份	η_t
2009	-0.015
2010	-0.019
2011	0.082
2012	-0.073
2013	0.019
2014	-0.009
2015	0.074
2016	-0.019
2017	0.053
2018	0.083

4.2.4   结果分析

表 4-9、表 4-10 和表 4-11 报告了空间误差模型（SEM）的回归结果。可以看出，调整后的 R^2（0.838）相比于传统普通面板模型有了很大程度的提高，说明空间面板模型相比于普通面板模型具有更强的拟合优度。空间误差参数 λ 为 -0.604，在 5% 水平上显著，说明本书研究的东北亚地区六个国家经济背景变量对二氧化碳排放有稳态水平的影响。变量 lng 的系数显著为正，而其二次项却显著为负，说明经济发展与环境污染之间存在一种倒"U"形关系。变量 lnx 的系数为 -1.019，在 5% 水平上显著，说明进出口贸易与二氧化碳排放之间存在明显的负相关关系，即进出口贸易水平越高，环境污染的水平越低。变量 lns 的估计系数为 -2.418，在 1% 水平上高度显著，说明森林覆盖率与二氧化碳排放之间存在负向关联，由于森林植被是吸入二氧化碳排出氧气，因此东北亚地区森林覆盖率的提高在一定程度上会减缓二氧化碳的排放。变量 lnc 的系数为 0.284，在 5% 水平

上显著，说明东北亚地区城镇化水平与二氧化碳排放之间存在明显的正相关关系，即东北亚地区各个国家的城镇化水平越高，环境污染问题越严重。相比于空间误差模型，空间自回归模型可以更好地刻画个体之间的空间关联关系，因而我们在此基础之上进一步利用空间自回归模型对上述实证结果进行检验。

表4-12、表4-13和表4-14报告了空间自回归模型（SAR）的回归结果。可以看出，空间自回归模型调整后的 R^2(0.972) 比空间误差模型调整后的 R^2(0.838) 要高出0.134，前者的 σ^2 要比后者的低0.061，前者的对数似然值要比后者的高69.849，说明空间自回归模型要比空间误差模型具有更好的适用性。变量 lng 的系数为2.074，在1%水平上显著为正，而其二次项系数为-0.905，并且在1%水平上高度显著，说明经济发展与环境污染之间的倒"U"形关系再一次被验证。经济增长是造成东北亚地区环境污染的最主要因素，绝大多数的环境污染来自经济规模的扩大。变量 lnx 的系数为-0.403，在5%水平上显著，相比 SEM 模型中的-1.019，其影响程度有所减弱，因此空间误差模型的估计系数可能会高估进出口贸易与二氧化碳排放之间存在的负相关关系。变量 lns 的估计系数为-2.887，在1%水平上高度显著，相比 SEM 模型中的-2.418，其影响程度有所增强，因此空间误差模型的估计系数可能会低估森林覆盖率与二氧化碳排放之间存在的负向关联，即低估东北亚地区各个国家森林覆盖率与二氧化碳排放之间存在的负向关联。变量 lnc 的估计系数为0.398，在5%水平上显著，相比空间误差模型中的0.284，其影响程度有所增强，因此空间误差模型的估计系数可能会低估东北亚地区各个国家城镇化水平与二氧化碳排放之间存在的正向关联。

总体而言，空间自回归模型得到的估计结果与空间误差模型得到的估计结果类似，但前者的适应性更强，得到的结论分析更加可靠。

4.3　区域环境污染产生的经济分析

4.3.1　环境污染的产生

蕾切尔·卡逊（2011）指出，跨界环境污染是指环境污染物通过水、空气或者其他方式进行转移，跨越行政区划边界造成的污染。本书从研究东北亚区域环境跨界污染的角度进行定义，跨界污染是指在整个区域内某国的环境污染物传播到同区域内的其他国家，并造成相应程度的环境污染的现象。

跨界环境污染产生的原因主要包括以下三个方面：区域内人类经济活动更为频繁，区域内各国环境保护意识存在差异，政策法规不完善。

第一，区域内人类经济活动更为频繁。环境污染除自然环境本身存在的一些污染现象之外，很大一部分的污染来源于人类活动。随着现代科学技术的飞速发展，东北亚各国都在谋求经济社会的不断发展，同时环境污染也持续加深。东北亚区域内人类活动产生的一些对环境具有污染作用的物质进入区域的大气圈、水圈和岩石圈上层，使整个生物圈的结构、功能产生变化，对整个自然界的人类和其他生物造成不利影响。目前，东北亚污染比较严重的主要是大气污染、海洋污染等。这些污染直接或间接地与区域内人类经济活动密切相关。例如，大规模发展牛羊等畜牧业，可能会对草原资源产生较大威胁，过度放牧也会引起荒漠化现象，进而破坏了防治沙尘暴的自然基础。

第二，区域内各国环境保护意识存在差异。东北亚区域内，韩国和日本作为发达国家，其城市化程度较高，以发展高新科技产业、服务业等为主，占据产业链高端位置，产生的环境污染相对较小，民众的环保意识相对较强，对区域环境污染的防治有一定积极影响；蒙古国和朝鲜作为发展中国家，发展程度较低，城市化程度较低，服务业水平较低，环保意识不强；俄罗斯地跨欧亚大陆，其在亚洲部分还有待开发，自然环境破坏程度较小，对环境潜在的风险还没有更强的意识；中国作为最大的发展中国家，经济体量位居世界第二，但是地区间发展不平衡，民众环保意识逐步提高，但仍有待加强。由此可以看到，东北亚各国家之间，发展存在差异，环境污染程度不尽相同，易造成跨界环境污染。

第三，政策法规不完善。目前，东北亚区域内环境污染防治政策法规不完善，具体来说，区域内部并没有建立起完全独立完整的环境监管体系、国际法律责任体系、协同监管体系。一些国家由于追求短期经济效益而进行粗放式发展，造成环境质量监管不到位，没有形成完整的环境监管体系，造成环境污染，进而导致跨界环境污染。国际法中关于国家承担环境污染责任的相关规定也并不明确，各国发展水平不均，环境监管力度不同，因此目前难以形成有效的协同监管体系。

4.3.2　区域环境污染的负外部性现象

作为一个经久不衰的研究领域，外部性问题始终被新古典经济学和制度经济学的学者所关注并不断深入研究（沈满洪、何灵巧，2002）。外部性理论与许多现实问题都能紧密联系起来，因此经常引发相关研究范畴的理论创新，同时还广泛应用于自然环境保护等多项社会实践中。不过经济学家不断尝试对外部性的概念进行界定，其中萨缪尔森和诺德豪斯（2008）从外部性的产生主体角度出发，认为外部性是那些"生产或者消费行为对其他主体强征了无法补偿的额外成本或给予了无须补偿的额外收益"的情况；兰德尔（1989）则从外部性的接受主体进行界定，认为外部性是当"一个行为的某些成本或收益不在决策者的考虑范围内的时候所产生的一些无效或低效率结果的现象"，也就是说，一些附加成本（或额外收益）被强加（或授予）给某些没有参加该项决策的人，与此同时这些附加成本或额外收益却是无效或低效率的。上述两类定义只是出发的视角不同，并没有本质的差异。

如果用数学表达式来表示外部性，则可以用 j 来表示一个经济行动个体(个人或厂商)，将其福利函数设为 W_j，将该经济主体的经济行为设定为 $X_i(i=1，2，3，\cdots，n)$，其受到另一经济主体 p 的经济活动 X_m 的影响，则有新的福利函数：

$$F'_j = F_j(X_1，X_2，X_3，\cdots，X_n，X_m)$$

新的福利函数中包含了 p 的经济行为对 j 的影响，同时无法向 p 索取赔偿也无须提供报酬。这就是外部性的数学表达。

从跨界环境污染的角度来定义外部性，即跨界环境污染负外部性具体来说是指某区域造成的环境污染跨区域传播到其他区域对其产生不利影响，且无法支付相应补偿的现象。作为微观经济主体的消费者或厂商，其经济活动都会对外部市场产生影响，有的是负外部性，有的是正外部性。例如，居住在公园附近的居民享受到优美的环境，是正外部性；建筑工地附近的居民每天听到嘈杂的噪声，是负外部性。由此可知，无论是对国家、企业还是对个人来说，跨界环境污染毫无疑问具有负外部性，因为跨界环境污染会阻碍经济社会健康发展，造成自然资源不合理的开发和利用，极易引发国际纠纷。

4.3.3　区域环境污染治理的"搭便车"现象

"搭便车"理论是由美国经济学家曼柯·奥尔逊于 1965 年首次提出来的。"搭便车"问题，是指在公共团队生产中，由于团队中单个成员的个人付出与所得回报没有明确的对应关系，每个成员都有一种机会主义心理，从而降低自己的支出成本而坐享团体其他成员的劳动成果，团队成员缺乏积极性，甚至导致团队工作无效。"搭便车"现象广泛存在于现实生活中，在经济学、社会学、管理学等众多学科领域中也广受学者的讨论。在跨界环境污染实践中，"搭便车"现象也较为普遍。

而曼昆认为所谓"搭便车"现象是指某种事情产生了正外部性，所谓外部性是指某经济主体（厂商或个人）的经济活动对其他人或社会造成了非市场化的影响。外部性又分为正外部性和负外部性。正外部性是某个经济主体的经济社会活动使他人或社会获得无须支付成本的收益，负外部性是某个经济主体的活动使他人或社会受损，且受害者的这种损失是无法弥补或补偿的。之所以曼昆认为"搭便车"现象是指某种事情产生了正外部性，是因为例如在东北亚区域内，某国家或地区采取了有效的跨界环境污染防控治理措施，则对周边区域国家或地区产生了正外部性，其他国家或地区便搭了该国跨界环境污染治理的"便车"。

区域环境污染治理领域产生"搭便车"现象，主要是基于以下三个方面的原因：公共物品属性、交易费用和制度建设。

第一，跨界环境污染治理的公共物品属性。根据美国经济学家萨缪尔森对公共物品的定义可知：公共物品是指任何一个人对该物品的消费都不会减少其他人对该物品的消费的一种物品。由定义可知公共物品具有两个基本特点：一是消费的非竞争性，二是收益的非排他性。消费的非竞争性是指每个人都可以对公共物品进行消费且不会导致对他人造成竞争，即不会减少他人的消费；收益的非排他性是指一旦公共物品被消费，那么就会被所有人消费，无法排除任何人对其进行消费。我们知道，一旦跨界环境污染治理有效，那么其带来的有利影响将会使每个国家或地区受益，所以由此可知，跨界环境污染治理具有公共物品属性是导致"搭便车"现象的重要原因之一。

第二，区域环境污染治理的交易费用。东北亚各国参与区域环境治理是一个支付成本的过程，需要区域内所有国家的共同努力，但是如果治理过程中的交易费用过高，也会使参与污染治理的一些国家产生"搭便车"行为倾向。交易成本，是指在进行一个活动事前准备合同和事后监督并采取强制措施保障合同执行的成本。然而，国际关系的复杂性和不确定性，使国家作为行动主体时不能够完全理性地做出判断进而采取行动，且只能采取有限理性行为，为国际沟通与合作又增加了更多的障碍，使国际合作环境变得更加复杂，这无疑增加了交易成本，使跨界环境污染治理的"搭便车"现象更易发生。因此，环境污染治理的交易费用是导致"搭便车"现象的重要原因之一。

第三，区域环境治理的制度建设有待完善。目前，东北亚区域内跨界环境污染防治政策法规不完善，具体来说，就是区域内部并没有建立起完全独立完整的环境监管体系、国际法律责任体系、协同监管体系。因此，缺乏有效的跨界环境污染协同治理的制度保障，也容易使一些国家产生"搭便车"行为。由此可知，跨界环境污染治理的制度建设不完善是导致"搭便车"现象的重要原因之一。

4.4 本章小结

东北亚区域环境污染的产生离不开东北亚经济社会发展的大环境，首先，分析了工业化与环境、人口与环境、城市化与环境、森林覆盖率与环境的关系，为后续的实证分析打好基础。其次，在充分考虑不同经济规模或处于不同发展阶段的国家对于经济发展与环境质量的不同需求下，以环境经济学理论为指导，利用东北亚区域六个国家 2009～2018 年的空间面板数据，对影响区域生态环境问题的因素进行相关性分析，并进一步从经济学角度对环境污染进行经济分析，以测算各种因素对区域环境污染变动的贡献。实证分析发现，经济发展与环境污染之间呈倒"U"形关系。森林覆盖率与二氧化碳排放之间存在负向关联，东北亚区域森林覆盖率的提高在一定程度上会减缓二氧化碳的排放。东北亚地区城镇化水平与二氧化碳排放之间存在明显的正相关关系，即东北亚地区各国家的城镇化水平越高，环境污染问题越严重。

❺

跨国界区域环境治理的经验借鉴

5.1　欧盟跨界环境治理的经验借鉴

　　在世界近代史上，欧洲是率先完成工业革命进入工业社会的地区，其科技水平、工业发展和物质文明都领先于其他国家，然而，在取得这些成就的同时，严重的环境污染造成了惨烈的后果。1972 年，英国一些环保人士率先集会并在报纸刊登广告：还我蓝天，还我青山，还我绿水。此次活动激发了公众的环保意识，此后，环保人士逐渐受到公众拥护，在议会、政府取得发言权，并相继成立了"绿色社团""欧洲环保协调组织"等环境保护的非政府组织，对欧洲乃至世界的环保事业发展都起到推动作用。

　　作为世界上一体化程度最高的区域性国际组织，欧盟将欧洲环境的可持续发展问题作为巩固一体化的共同任务，提出的环境政策向法律化、制度化的方向发展，其环境治理机制和相关的环境法规制定都值得其他区域环境治理发展借鉴。

5.1.1 欧盟环境治理合作背景

欧洲作为工业革命后率先进入工业社会的地区，在工业快速发展的同时环境污染也随之而来，并在 20 世纪中期达到污染最严重的时期。1952 年的伦敦烟雾事件就发生在这一时期，其被列为全球十大环境事件之一，这次事件造成超过 12000 人丧生，之后莱茵河成为欧洲工厂废水、轮船废油、生活污水、农业废水倾倒地，水质受到了严重污染，欧洲水环境生态受到了严重破坏。另外，酸雨、放射性污染、臭氧层破坏等问题使欧洲因环境问题引起的冲突不断，引发的安全问题严重影响了当地经济发展，由此一些国家通过制定法律法规来应对环境问题。

例如，英国政府于 1953 年成立了由比佛爵士领导的比佛委员会，在比佛委员会的推动下，1956 年英国出台专门针对空气污染的《清洁空气法》，随后又出台了一系列补充法案应对大气污染。而针对莱茵河的水污染，德国通过削减污染物排放、建立监测点、环境立法等措施进行治理。虽然一些国家意识到环境问题并制定了法案和行动计划，但是污染物的可流动性使得污染不仅对污染源处产生影响，还会影响周边国家，仅靠一个或几个国家的治理并不能解决区域的环境污染，且区域内国家存在工业水平、监测水平的不同，因此给区域治理带来很大困难。随着环保问题在欧共体中的地位迅速上升，1960 年末至 1970 年初兴起的"绿色政治"在西方发达国家迅速开展，可持续发展成为欧洲各国的共识（福特斯，2006）。随着环境保护工作的开展，欧盟成员意识到环境治理需要各国共同协作。Marks（1993）首次提出"多层治理"的概念，并进一步将其概括为"隶属不同层级的政府单位之间的合作关系"，"多层治理"的理念在欧盟环境治理中得到广泛应用。

5.1.2　欧盟环境治理发展历程

　　欧盟在环境保护、环境政策的制定、环保意识方面一直居世界前列。欧盟①是世界一体化程度最高的区域，在欧共体成立之初，欧共体的条约中没有关于环境及环境政策的相关规定，而随着经济的发展，环境问题逐渐凸显，欧洲各国意识到环境治理的必要性，于是开始采取行动。1970年，欧共体提出第一个环境口号——"环境无国界"，在1972年世界环境大会召开后，欧共体为保证经济贸易的发展通过了《欧共体第一个环境行动计划》，确立了环境保护在今后政策制定中的重要性。1987年生效的《单一欧洲法令》增加了环境保护的内容，1993年生效的《马斯特里赫特条约》进一步提升了环境保护的地位，之后各种关于环境的条约、条例、法令、决定等使得有关环境管理的权力逐步向欧盟集中，共同构成了《欧盟环境法》。欧盟的环境合作机制是受法律约束的，政策的执行遵循高水平保护原则、防备原则、预防原则、源头治理原则、污染者付费原则、一体化原则等。同时，《欧洲环境法》是强化公众参与的，欧洲环境局定期发表环境状况报告。健全的合作机制，具有约束力的法律体系，较高的环保意识是欧盟环境治理较为成功的必要条件。

5.1.2.1　环境行动计划

　　迄今为止，欧盟共实施了7个环境行动计划，在执行过程中发展了包括法律、市场、财政等多种支持手段，建立了涵盖气候变化、水资源、化学品管理等诸多领域的环境政策。这些共同的环境政策与欧洲一体化进程相符，避免了各个国家设置不同环保标准可能造成的区域内贸易壁垒。由于环境污染具有跨界性，欧盟以一个共同体机构出面协调，为污染国提供

---

① 欧盟是根据1992年签署的《马斯特里赫特条约》成立的，1993年正式运作，其前身为欧洲共同体，简称欧共体。

资金和技术支持，同时还与其他国家政府、国际组织、民间组织等合作，使欧盟环境治理落到实处，真正实现区域可持续发展。

第一环境行动计划（1973～1976年）的制定目标为提高生活质量、改善环境和人类的生存条件。该计划的基本原则为，最好的环境政策在于防止污染的产生，因此在所有计划和决策制定之前都必须考虑环境因素，任何会导致生态失衡的行为和破坏自然的行为必须禁止。在科学技术水平提高的过程中，要充分发挥科技对改善环境和治理污染的作用。污染者付费原则，强调谁污染谁负责。另外，该行动计划还强调欧盟成员国之间的合作，一国在采取行为时应确保不会导致另一国环境恶化，并强调欧盟在全球环境领域的形象。第一环境行动计划注重成员国在共同一致的基础上加强成员国之间的合作，基本原则确定了环境行动计划的总方向，此后几个环境行动计划延续并扩大了第一环境行动计划原则（李旭红，2008），在此基础上加入了对其他环境问题的关注，考虑到环境与经济社会发展的相关性，可持续发展成为行动计划的主题。在第六个环境行动计划中，欧盟将保护自然和生物多样性、环境和健康、可持续的自然资源利用、废物管理列为四个优先领域，真正将环保与经济社会发展并行，让公众等也参与环境政策的制定。环境行动计划的发展，使欧盟在全球环境领域的影响力凸显。

5.1.2.2 环境立法

1986年签署的《单一欧洲法》对欧共体环境政策具有重大影响，该法的颁布与实施为《欧洲环境法》确立了法律基础。《单一欧洲法》明确指出，环境已经成为欧共体的一个核心政策考虑，同时规定欧共体环境政策的目标和原则。1992年签署了《欧盟联盟条约》，首次在核心条款中明确把环境保护确定为欧盟发展的宗旨和目标之一。该条约规定环境是欧盟成员国共同负责的领域，条约为环境政策领域引入三种不同的立法程序：一是合作程序，适用于大部分环境措施；二是共决程序，适用于欧盟对其他政策产生广泛影响的更加综合性的措施；三是一致通过，适用于对成员国产生直接影响的某些领域。1997 年生效的《阿姆斯特丹条约》对环境保护给予了更多的重视，首次明确提出"可持续发展"的概念，并将此作为原则和目标写入条约。该条约把环境事务纳入多数表决和共同决定程序，从而提高了欧洲议会在环境事务中的影响力。自欧盟通过的第一项环保指令以来，经成员国的努力，欧盟的环境政策已经形成了较为成熟的合作机制和法律体系。

5.1.2.3 公众参与

欧盟主动为公众搭建沟通平台，通过建立电子政府来实现信息公开，通过网络将信息传递到各类公众之间，与欧洲公民和社会组织进行互动。1995 年设立的欧盟机构官方门户网站 https：//european-union. europa. eu/index_ en 就是一个将各机构、决策过程、官方文件公之于众的平台，每个机构和实体都有自己的网页来发布本机构的工作和活动。还有供欧洲公民讨论欧洲未来的网站"Debate Europe"，公众可以进入不同的聊天室和论坛对欧洲的气候、能源及他们关心的欧盟各种事务发表意见，2010 年 2 月 28 日该网站停止运作后作为文献资料保存。在欧盟多层次的治理框架下，公民的参与是对传统治理模式的超越，能够更好地代表不同利益和需求，促进社会聚合，并对政治权力构成有效制约。他们不仅可以提供意见和建议，使决策更具科学性和可操作性，还能缩短欧盟与公众之间的距离和代沟，促进问题的解决，尤其是在环保领域。

5.1.3 欧盟环境治理管理体系

欧盟是具有特殊法律地位的国际组织，它有自己独特的管理体系。欧盟内部有欧盟委员会、欧盟理事会和欧洲议会，三者是欧盟环境政策的主要决策机构。欧洲理事会是欧盟最高决策机构；欧盟经济和社会委员会及地区委员会是欧盟法定的咨询机构，分别代表公民社会和地区的利益；欧洲法院是欧盟的最高法院，不参与决策过程，但可以通过解读欧盟法及其判例对欧盟环境政策的发展和实施产生直接或间接的影响。

5.1.3.1 欧盟委员会

欧盟委员会在环境法规的准备、提出和审议过程中发挥着核心的作用，其主要职能及职权包括：参与环境政策制定和环境立法程序，环境政策的执行权和管理权，参与制订欧盟环境行动计划和对外代表权。欧盟委员会内部有一名委员专门负责环境事务，其职能部门为环境总司，环境总司有权采取措施，确保欧盟的环境政策在成员国得到实施，环境总司代表欧盟应对全球性和跨界的环境问题。环境总司机构设计如图 5-1 所示。除了环境总司，欧盟委员会内部的农业总司、能源和交通总司、渔业总司都涉及和环境相关的事务。

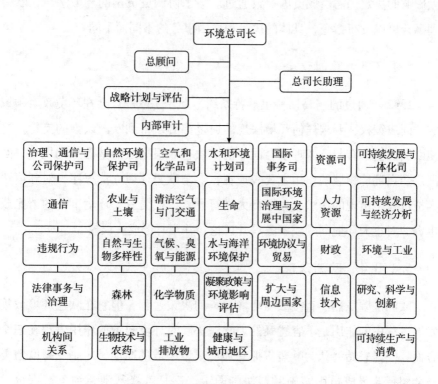

图 5-1　欧盟委员会环境总司机构图

5.1.3.2 欧盟理事会

欧盟理事会是欧盟环境立法的主要机构，对欧盟环境保护相关的环境政策、法律、规划等具有决定性的影响和作用。它的主要职责是就欧盟委员会提出的立法议案制定环境法律，其主要职权包括：环境法规的制定权、国际环境协定的缔结权、协调成员国环境政策的职权。欧盟环境部长理事会每年开 4 次会议，其作用主要表现为：保证欧盟经济、社会和环境政策的协调，制定环境政策和法令，推动欧盟环境政策的实施。根据《马斯特里赫特条约》规定，有关环境事务的决策程序通常是欧盟理事会在咨询经济和社会委员会之后，以有效多数作出决定，而有关财政、城乡规划、水资源和土地使用，以及对成员国选择不同的能源和能源结构具有重大影响的决定仍需由成员国一致通过。为了协调成员国的环境法律，欧盟理事会可以发布指令，具体的决策程序因事务的不同而不同。

5.1.3.3 欧洲议会

1992 年通过的《马斯特里赫特条约》赋予了欧洲议会在环境政策领域的共同决策权，要求任何环境法规的通过都必须得到欧洲议会的支持，这使欧洲议会享有与欧盟理事会同等的立法权。根据欧盟基础条约规定，欧洲议会在环境领域的作用主要表现在：参与欧盟环境立法程序，对环境法实施过程中出现的违法和失职行为进行调查，接受有关环境事务的请愿或申诉，对重大环境问题或事务展开讨论，并享有形成决议权。

5.1.3.4 欧洲法院

欧洲法院虽然不直接参与环境政策的决策过程，但它在欧盟环境政策发展过程中的作用是不容置疑的。欧洲法院对环境政策的作用表现在三个方面：一是它始终认为欧盟应拥有环境政策领域的职能，二是支持欧盟委员会履行监督成员国实施欧盟法的职责，三是解释基础条约关键部分的含义。

5.1.3.5 欧洲理事会

欧洲理事会，即欧盟首脑会议或欧盟峰会，是欧盟的最高决策机构，由各成员国的国家元首、政府首脑和欧盟委员会主席组成。欧洲理事会虽是欧盟机构，但它一向不参与欧盟政策的细节问题，它所做的多半是发表声明和宣言。然而，欧盟的多项发展都是在首脑会议之后才发生的，许多声明都是在某项政策发展过程的关键时刻作出的，欧洲理事会发表的声明和宣言对欧盟环境政策的发展方向产生了根本性的影响。

5.1.4 欧盟区域环境治理经验

第一，健全、完善的环境政策和治理机制。欧盟环境治理机制是由欧盟决策机构、欧盟法院、各成员国政府及公众共同组成的多元化治理机制。欧盟在环境治理方面具有完善的法律体系。

第二，完善的责任跟踪系统。欧盟委员会建立了完善的环境治理政策及政策实施的跟踪监测系统，成员国需要定期提交实施情况的报告，并通过定性分析和定量分析相结合，评估环境治理的成效，同时建立了追踪问责机制，对破坏环境的行为进行惩罚。

第三，有效的区域协同合作。环境污染具有流动性和跨界性等特征，解决问题的关键是成员国之间达成共识。欧盟委员会积极促进成员国之间的环境合作，最大限度地发挥各国家和部门间的协同作用。

第四，多主体参与。欧盟委员会通过多渠道、多方式获取多元主体的环保意见，建议每个成员国建立一个永久性的多层次、多主体的对话框架，将政府、企业、社会组织及公众等召集起来讨论气候政策的方案，重视环境治理政策的公众参与性。

5.2 大湄公河次区域环境治理的经验借鉴

1992 年，在亚洲开发银行（Asian Development Bank，ADB）的倡议下，大湄公河次区域六国举行首次部长级会议，共同发起了以加强各国间的经济联系，促进次区域的经济社会发展，实现共同繁荣为目标的大湄公河次区域经济合作（Great Mekong Subregion Cooperation，GMS）机制，主要成员国为柬埔寨、中国、老挝、缅甸、泰国、越南六个国家。该机制起步较早，已经成为该区域最具影响力的机制之一。经过多年的发展，GMS已在能源、交通、环境、农业、电信、贸易便利化、投资、旅游、人力资源开发 9 个重点领域开展合作。

5.2.1 大湄公河环境治理合作背景

大湄公河次区域内各国环境相互依赖程度高，区域内各国的生态系统是相互依存、相互影响的有机整体。湄公河流域是世界上淡水鱼产量最大的内陆渔场，也是亚洲生物多样性最丰富的地区，其中鱼的种类达 1300 多种。随着该区域经济和社会的快速发展，区域内粗放的经济发展模式对区域的生态环境造成严重威胁。

大湄公河流域内均为发展中国家，人口较多，以大量消耗资源为代价的发展所带来的乱砍滥伐、无序利用水资源、城市化快速发展等导致了一系列区域生态环境问题。湄公河作为东南亚地区的能源库，水资源一直是该地区的核心问题。澜沧江—湄公河全流域河段干流总落差的 91% 集中于澜沧江，适合开发水资源；澜沧江水电蕴藏量与湄公河相当，而湄公河的水电蕴藏量 51% 集中于老挝境内，33% 集中于柬埔寨境内，但 98% 的能源需求又集中于泰国和越南。中国在流域上游兴建阶梯式水坝，以促进当地经济发展，并和泰国等国家达成协议输送水电能源。然而，水资源开发产生的水库淹没、移民搬迁和工程施工对水生生态系统、陆生生态系统和土地利用的环境影响是不可避免的。大湄公河次区域是世界上生物多样性最丰富的地区之一，各国森林覆盖率较高，但由于该地区特别是河流沿岸属于欠发达地区，砍伐森林和毁林开荒现象较为普遍，造成了大量水土流失，严重影响该地区生态环境系统。大湄公河次区域各国山水相连，加强环境合作成为大湄公河次区域各国的迫切要求，也是实现可持续发展的客观需要。

5.2.2 大湄公河环境治理发展历程

大湄公河环境治理以项目推动为主，多年来环境治理工作在生物多样性保护、自然资源保护、环境监测等领域开展了一系列的项目合作，取得了良好的成效，其发展主要经历了四个阶段，每个阶段都具有不同的特点。

5.2.2.1 合作初级阶段（1995~2004 年）

自 1995 年大湄公河次区域将环境作为主要合作领域之一以来，成立了环境工作组，并每年召开一次会议。在合作初期的十年里，次区域内六个国家在亚洲开发银行的推动下重点在环境管理、环境监测及信息系统合作、自然灾害防治等方面开展了合作，使区域内国家基本形成共同的环境合作理念，为其后续发展奠定了基础。

5.2.2.2 第一期核心环境合作项目阶段（2005~2011 年）

大湄公河次区域环境合作具有层次高、关注广的合作特点。在 2005 年成功举办第一届部长会议后，环境合作机制政治高度提升，国际影响力凸显。作为以项目推动为主的环境合作机制，环境工作组在生物多样性保护、自然资源保护、扶贫、流域环境监测等领域开展了一系列具体项目。

由环境工作组提交的战略环境影响评价、生物多样性走廊建设计划、环境绩效评估、能力建设与制度化、可持续财政五大领域为第一执行期的核心环境项目，项目获得了瑞典、荷兰、芬兰等国家的支持。

这一阶段，大湄公河次区域环境合作机制经过多年的发展，形成了以项目机制为主的合作模式，以及以环境与扶贫为主题，以生物多样性保护走廊为主线的框架模式。

5.2.2.3　第二期核心环境合作项目阶段（2012~2016年）

2011年第一期核心环境合作结束后，在亚洲开发银行的主持下，六国共同讨论了第二期核心环境项目的内容，最终经第三次环境部长会议批准了第二期核心环境合作项目框架文件（2012~2016年）及其行动计划，主要分为以下四个部分。

第一，强化规划制定、方法学及安全体系的发展，主要以环境政策主流化为核心，侧重于战略环评、环境绩效评估等工作。

第二，为促进可持续发展加强土地保护管理，主要侧重于跨界生态系统管理，支持跨界生物多样性走廊建设与规划，以及生态监测与防止野生动植物非法贸易。同时，提出促进区域环境公约的发展，开发立法工具等。

第三，气候变化与低碳发展，主要侧重于支持农业与旅游部门的气候变化适应工作，鼓励交通与能源的低碳发展，支持开发减少森林退化造成的温室气体排放。

第四，加强制度化建设与促进环境管理的可持续财政支持，主要为寻求可持续的财政支持，促进政府与私营部门在生态系统管理与保护领域的合作，提升跨界环境管理能力。

本应于2016年结束的第二期核心环境合作项目，由于资金等因素延期到2017年。第三期核心环境合作项目一直未产生。2019年，在大湄公河次区域环境工作组第24次年会上，在回顾了大湄公河次区域经济合作核心环境项目第二期成果的基础上，各国对亚洲开发银行拟议的第三期"GMS气候变化与环境可持续项目"框架进行了交流,并围绕气候行动与环境可持续绿色技术,可持续基础设施与绿色低碳技术融资,污染控制与可持续废物管理,气候智能生态系统景观,农业、能源及交通领域脱碳,以及气候变化适应与灾害风险管理六大议题介绍了本国各自领域相关需求与挑战。成员国就未来第三期核心环境合作项目在加强气候变化与灾害管理,实现绿色转型,促进气候智能生态系统景观建设,加强污染防治与废物管理等领域合作达成初步共识,为第三期核心环境合作项目未来开发打下了基础。

5.2.3 大湄公河环境治理合作机制

1995 年大湄公河次区域经济合作机制将环境列为主要合作领域之一,其环境合作机制如图 5-2 所示。

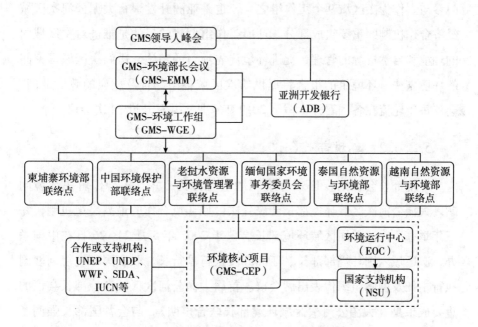

图 5-2 大湄公河次区域环境合作机制示意图

资料来源:李霞,等. 大湄公河次区域环境合作研究〔M〕. 北京:中国环境科学出版社,2017.

大湄公河环境合作主要分为两个层次：环境工作组会员和部长级会员层次。环境工作组成立于 1995 年，主要负责协调环境项目的开展和执行，工作组会议每年召开，在工作组会议的推动下，该合作机制设立了次区域环境部长会议。第一届次区域环境部长会议在中国上海召开，此后，环境部长会议已经成为大湄公河次区域经济合作领域第一个举办部长级的高层对话机制。为便于联系与管理，亚洲开发银行、大湄公河次区域环境工作组于 2006 年 4 月在泰国曼谷设立环境运营中心，该中心行使大湄公河次区域环境工作组秘书处的职能，同时也成为执行次区域合作项目的主要机构。

5.2.3.1　环境工作组会议

大湄公河环境工作组会议创建于 1995 年，主要由各成员国家的环境部门参与。作为次区域 9 个工作组之一，也是亚洲开发银行大湄公河次区域经济合作机制的重要组成部分。环境工作组创建的目的是推进对次区域内的环境和自然资源的管理，促进环境优先项目的实施，协调次区域国家间的环境立法。环境组的报告将提供给次区域各国部长及相应的政府部门。会议每年轮流在各国召开，截至 2019 年 4 月，共召开过 24 次会议。

5.2.3.2　环境部长会议

环境部长会议对次区域环境问题进行讨论，并寻求合作解决环境问题。大湄公河次区域环境部长会议是次区域环境合作的最高决策机制，每三年举办一次。首届区域环境部长会议于 2005 年 5 月 24~26 日在中国举办，次区域六国环境部部长、亚洲开发银行副行长、联合国环境规划署副执行主任及国际组织代表出席会议。首届大湄公河次区域环境部长会议的重要成果是《大湄公河次区域环境部长联合声明》，与会各国部长强调了加强次区域环境保护与可持续发展，保护本地区脆弱的生态环境和生物多样性的重要意义，积极肯定了 1995 年以来大湄公河环境工作组的工作成果，高度评价了有关国际机构特别是亚洲开发银行为本区域环境合作所给予的支持，明确了次区域国家将依据各国制定的可持续发展战略，继续履行在2002年世界可持续发展峰会的承诺，并对联合国千年发展目标的实现作出贡献，同时继续通过各国的努力，开展地区合作行动，可持续地管理次区域内共有的环境资源。大湄公河次区域六国环境部部长同意执行有利于可持续经济增长和次区域发展的核心环境项目。2018年1月30~2月1日，第五次大湄公河次区域环境部长会议以"大湄公河次区域环境合作，促进包容性和可持续增长"为主题在泰国清迈召开，各国就《大湄公河次区域核心环境项目战略框架与行动计划(2018~2022)》达成原则一致，并通过了《第五次大湄公河次区域环境部长会议联合声明》。

5.2.4 大湄公河次区域环境治理经验

大湄公河次区域环境合作机制是一个以项目推进的合作治理模式，已经历了两期核心环境合作项目，作为一个仍在发展中的区域环境合作机制，大湄公河次区域的环境保护工作仍存在一些不足。相比欧盟等发达国家及地区完善的区域环境合作治理机制，大湄公河次区域的环境保护法制建设仍处于初级阶段，其文件基本是协议和行动计划，对各国的约束力较弱，执行方面仍存在困难，导致围绕项目开展的制度建设缺乏统一性和稳定性。然而，大湄公河次区域环境合作机制成立了约20年，作为发展中国家的代表，积累了一定的合作经验，但在一些环境保护和合作领域仍需要积极探索。具体来说，有以下三点经验。

第一，实施了项目合作机制。多年来环境工作组在生物多样性保护、自然资源保护、环境与扶贫、环境监测等领域开展了一系列具体项目，主要包括《湄公河流域扶贫和环境改善项目》《大湄公河次区域战略环境框架合作项目》《大湄公河巷道改善工程项目》《生物多样性走廊建设项目》《环境培训和机构强化项目》等。

第二，规范了合作的制度建设，确立了某些领域共同的标准。大湄公河次区域环境治理机制尽管起步较晚，但是一些合作领域确定了相同的标

准，签署了共同的行动计划和协议，如签署了《地区烟雾行动计划》与
《防止跨国界烟雾污染协议》，确立了东盟地区海洋水质标准、东盟国家海
洋保护区标准、东盟海洋遗产地区标准等，颁布了《东盟环境教育行动计
划》等政策。

第三，大国主导环境合作。湄公河区域是美国、日本、欧洲等国家和
地区发挥大国影响力所集中的区域，以美国、日本为代表的发达国家通过
环境合作项目争取在该区域的话语权。大湄公河流域大国主导环境合作机
制是推动该区域环境治理发展的重要部分。

5.3　本章小结

本章以欧盟跨界环境治理和大湄公河次区域环境治理合作机制为例，
进行跨国界区域环境治理案例研究。欧盟作为世界一体化程度最高的区域
性国际组织，在区域环境治理方面具有完善的管理机构和有约束力的法律
体系，其区域环境治理经验值得借鉴；大湄公河次区域环境合作机制是发
展中国家区域环境合作的代表，也是亚洲区域合作的典范，其较为完善的
项目合作机制、规范的制度体系和标准设置，以及大国主导的环境合作机
制为推动跨区域生态环境治理机制构建进行了有益的探索。这两个经典案
例为分析为东北亚区域环境治理提供了经验借鉴。

❻
东北亚区域环境治理机制的构建

　　区域治理是全球治理的重要组成部分。俞可平在《治理、善治和全球治理》一文中指出：全球治理的要素主要为全球治理的价值、全球治理的机制、全球治理的主体、全球治理的对象以及全球治理的结果。学者把这五个要素分为五个问题：为什么治理？如何治理？谁治理？治理什么？治理得怎么样？东北亚区域环境治理同样需要回答这五个问题。跨界区域环境治理在全球有许多成功的经验，较为成功的是欧盟区域的环境治理。欧盟环境治理成功的原因主要在于其环境治理政策体系的完善和欧盟成员国对环境问题的重视。欧盟环境治理的成功经验为东北亚区域环境治理机制的构建指明了方向。要构建东北亚区域环境治理机制，需要克服和解决制约协同的障碍因素，而制约治理的因素是多方面的，有些问题是深层次的和长远的。本章从沟通协调机制、协同管理机制、监督约束机制、社会参与机制四个方面设计东北亚区域环境治理机制，如图6-1所示。

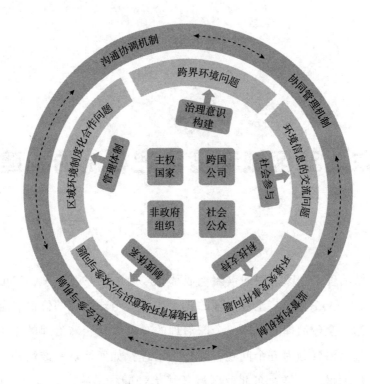

图 6-1　东北亚区域环境治理机制

6.1　东北亚区域环境治理框架设计

6.1.1　区域环境治理的原则

6.1.1.1　国际环境治理一般性原则

国际环境治理的一般性原则主要包括：①全人类共同利益原则。一些重要的国际公约、国际组织的决议及宣言大都体现了这一原则。②国家主权原则。国家主权原则是国际法的基本原则之一，国际环境法作为国际法的一个分支必然要受到该原则的约束。在具体的国际环境事务合作上，各国无论大小与强弱，主权都是平等的，每个国家都有权决定合作与否、与哪些国家进行合作、就哪些领域的问题进行合作等，不受其他国家干涉。③信守国际条约、尊重国际惯例原则。信守国际条约是国际法上一项古老的原则，主要是指条约缔结后，各方必须按照条约的规定，行使自己的权利，履行自己的义务，不得违反。④共同但有区别的责任原则。这一原则最早在 1972 年的《联合国人类环境宣言》中提及。1992 年的《里约环境与发展宣言》中宣布："各国应本着全球伙伴精神，为保存、保护和恢复地球生态系统的健康和完整进行合作。鉴于导致全球环境退化的各种不同因素，各国负有共同的但是又有差别的责任。发达国家承认，鉴于它们的社会给全球环境带来的压力，以及它们所掌握的技术和财力资源，它们在追求可持续发展的国际努力中负有责任。"这表示发达国家和发展中国家在国际环境合作中承担着不同的责任，发达国家承担更大的责任，而发展中国家承担的责任则相对较少。东北亚区域环境治理的原则最根本的就是需要遵循国际环境治理的一般性原则。

6.1.1.2　区域可持续发展原则

可持续发展关系到整个人类的命运，是人类面对经济、社会和环境，特别是全球性的环境污染和生态系统破坏，以及三者之间关系失衡所做的理性选择。可持续发展最主要的原则是可持续性，可持续性强调的是人类经济活动和社会发展不能超越自然资源与环境的承载能力。可持续性的核心是人类社会的经济发展只能在保护自然资源和生态系统的前提下发展。2015 年 9 月，联合国 193 个会员国在举行的历史性首脑会议上一致通过了可持续发展目标，这些目标述及发达国家和发展中国家人民的需求并强调不会落下任何一个人。2016 年 1 月 1 日，《2030 年可持续发展议程》正式启动，新议程范围广泛，涉及可持续发展的三个层面，即社会、经济和环境，以及与和平、正义和高效机构相关的重要方面。可持续发展不仅是全球环境治理的原则，区域环境治理也是以可持续发展为原则，以实现区域可持续发展为目标。

环境问题是没有国界的，不管是发达国家还是发展中国家，环境在各国面前都是平等的，环境问题的解决最终离不开国际社会各方的合作。东北亚区域内既有发达国家也包括发展中国家，各个国家处于不同的发展阶段，因此环境保护意识也不相同。环境治理的机制要在发达国家与发展中国家之间体现出平等合作的观念，即遵循国际环境合作一般性原则中的共同但有区别的责任原则。

6.1.1.3 协同治理与属地治理相结合的原则

协同治理要建立在平等合作与共同协商的基础之上，按照责任共同承担、区域利益共享、共同协商治理的思想，建立区域环境合作协同治理机制，对重点污染问题实行特别关注，对重点区域和非重点区域实行差异化管理。责任共同承担是指区域内国家一级的各类主体对区域环境治理的改善负有共同责任，但因各国经济发展水平和环境容量的不同，根据污染的程度承担不同的责任，对受到污染特别严重的国家进行相应补偿。区域利益共享是指区域环境质量的改善带来的福利应由区域内各类主体共享。共同协商就是需要充分考虑区域内经济、社会与环境之间的总体状况，通过区域环境治理体系的构建，建立区域内各主体协同治理和各国家内部环境问题属地治理相结合的管理体系。

6.1.2 区域环境治理的目标

第一，减少区域内环境污染，减缓区域因环境污染引起的气候变化。减少大气、水和土壤的污染物排放，降低环境污染水平，改善空气、水质和土壤质量，保障人民健康。减少温室气体排放，实现全球气候变化目标，避免极端天气事件和生态系统崩溃等灾难性后果。

第二，保护区域生态环境，保护和恢复自然生态系统的平衡，防止生态环境破坏，维护生态安全，保护珍稀野生动植物物种，恢复生物多样性，避免物种灭绝和生态系统崩溃，维护生态平衡。

第三，促进区域的可持续发展，以可持续的发展方式开发和利用自然资源，保护和改善环境质量，实现经济、社会和环境的协调发展。

第四，加强区域环境治理水平，加强区域环境监测、评估、规划、治理、执法和信息公开，提高环境治理能力和水平，保障环境管理的科学性、规范性和有效性。

第五，推进区域参与全球环保合作，加强整个区域与全球的国际合作，共同应对全球环境问题，推进全球环境治理的共同责任，保障全球环境的可持续发展。

6.1.3   区域环境治理的对象

全球治理的对象主要包括已经影响人类的跨国性问题，与生态环境相关的问题主要为污染源的控制、稀有动植物的保护、向大海倾倒废物、空气污染的越境传播、臭氧层破坏、生物多样性减少、气候变化等。区域生态环境治理是区域内国家为达到共同的区域治理目标而进行共同的努力，区域生态环境治理与一国内部生态环境治理的区别在于治理的对象不同，区域合作治理的对象在于区域内普遍存在或各国共同关注的环境问题，主要是超出一个国家的能力范围所能解决的跨国界环境问题。区域环境治理就是在某一个特定的区域里，国家政府、国际组织、非政府组织、公民社会等通过合作、协商、伙伴关系、确立共识和共同目标等方式实施对环境事务的管理，从而使经济发展、社会发展和生态环境的发展协调一致。

6.1.3.1   跨界环境问题

跨界环境污染的治理需要区域内国家共同合作，东北亚区域内的海洋污染、沙尘暴、生物多样性保护、电子废物越境转移等跨界区域环境问题日益突出，需要区域内国家及相关行为体通过合作共同应对。

关于污染物越境转移的合作控制问题，《里约环境与发展宣言》曾明确指出："各国应有效合作阻碍或防止任何造成严重环境退化或证实有害人类健康的活动和物质迁移和转让到他国。"在这方面，1989 年通过的《控制危险废物越境转移及其处置巴塞尔公约》就是一个很好的例证。该公约规定："各缔约国应相互合作，以便改善和实现危险废物和其他废物的环境无害管理。"① 公约还就各缔约国在包括提供资料、监测、发展和实施新技术、制定技术准则和业务规范，以及转让技术、加强能力建设等方面的合作提出了具体要求。由于经济发展的不平衡，污染等环境问题从发达国家向发展中国家越境转移的现象普遍存在。而由于发展中国家的环境保护能力相对不足，污染的长驱直入势必会对发展中国家乃至全球环境带来严重后果。因此，通过加强环境保护领域的次区域环境合作来共同应对污染的越境转移问题，也就成了国际环境治理中一项不可缺少的内容。

6.1.3.2　环境信息的交流

环境信息共享是区域环境治理的重要基础。国际环境治理的经验表明，坚实的信息和科技基础是实施综合管理的重要支撑。区域环境治理需要坚实的信息与科学基础，其中，完善的区域环境监测网络和现代信息技术共享对于进行区域自然、社会、经济的综合决策与治理至关重要。以欧洲为例，欧洲环境局利用欧洲共享环境信息系统（SEIS）在收集和提供环境信息过程中起到了重要的作用，SEIS 提供欧洲环境数据、信息、知识等，成为世界公认的区域环境治理合作平台和共享服务领域的成功典范（周国梅等，2015）。

6.1.3.3　环境突发事件

环境突发事件，是指由于污染物排放或自然灾害等因素，导致污染物

---

① 参见《控制危险废物越境转移及其处置巴塞尔公约》第 10 条。

或放射性物质等有毒有害物质进入大气、水体、土壤等环境介质，突然造成或可能造成环境质量下降，危及公众身体健康和财产安全，或造成生态环境破坏，或造成重大社会影响，需要采取紧急措施的事件。本书所指的环境突发事件主要为区域内大气、海洋、河流等出现的跨界环境污染。例如，2011 年 3 月 11 日，日本东北部发生里氏 9 级地震，福岛第一核电站多个核反应堆急停，伴随地震而引发的海啸使核电站失去电源供应，导致反应堆无法冷却，随后引起了爆炸，引发核电站放射性物质泄漏。日本福岛核电站事故后，受影响的海域包括福岛以东及东南方向广大的太平洋海域。此次事件经过 10 年的发展并没有结束，2021 年 4 月 13 日，日本政府正式决定将福岛第一核电站上百万吨核废水排入大海，多国对此表示质疑和反对，福岛核电站事故核废水处置问题不只是日本国内问题①。核废水排入大海最先受到污染物影响的是东北亚区域共同海域的国家。

6.1.3.4　环境教育、环境意识与公众参与

增加环境教育、增强环境意识和扩大公众参与度是区域内国家采取行动的基础，是推动区域环境治理不可缺少的部分，东北亚区域内国家应在此加强合作。东北亚区域共享生态环境，需要培养区域共同的环境共同体意识，各参与主体共同合作应对环境问题。

6.1.3.5　区域环境制度化合作

我们可将区域环境治理机制定义为区域内相关主体，包括国家、国际组织、跨国企业等，为解决共同的环境问题而达成相关制度，以及行为体依据制度采取集体行动的过程。区域环境治理机制是多样的，不同的地区根据不同的特点创建不同的机制，有的已法制化，有的却是过于宽松灵活的。机制化、制度化是保证区域环境治理有效性的重要条件，因此需要加强设计具体有效的机制，以激励和约束行为体根据相应制度采取集体行

---

① 参见《排放核废水入海，日方不可一意孤行》一文，新华网，2021 年 4 月 13 日。

动，进而解决区域环境问题。在国际环境治理的问题上，若能在产权界定的情况下形成相应的制度安排，使外部性内部化，那么就会改变成本与收益不相符的局面，从而使主权国家愿意为环境治理投入成本。具体来讲，环境的特殊性使产权难以在空气、河流及海洋上界定，需要借用划分领土、领海和领空等方式，在各国间划定一定的责任范围，并制定出明确的奖惩规则，形成区域制度化条约，这是区域环境治理机制运行的有力保障。

6.2　东北亚区域环境治理主体

东北亚区域生态环境治理的主体包括主权国家、跨国公司、非政府组织和社会公众。主权国家是区域环境治理的核心主体，其重要地位是其他主体不能取代的。跨国公司作为企业的代表，是经济社会发展的重要微观主体，在经济社会发展中具有重要作用，同时企业是区域环境资源的消耗者，是经济社会发展的主要力量和重要主体，因此跨国公司应当成为区域环境协调治理的主体。非政府组织是独立于政府体系之外的、具有一定公共性质并承担一定公共职能的社会组织，其行为的主要目的是增进公民的福利，因此，非政府组织在区域环境治理中应发挥重要作用，发现问题及时采取行动，影响国家主体的决策，同时召集公民积极加入环保行动中。近年来，随着环境污染的加重，越来越多的社会公众开始关注环境问题，环境意识增强，能够对区域环境污染问题发挥监督、警示的作用，能够督促推进区域环境的治理。在区域环境协同治理过程中，政府、跨国公司、非政府组织和社会公众相互联系、相互制约、相互促进发展。

6.2.1　区域内主权国家是环境治理的主导力量

"国家"一词源于拉丁文"status"，国家作为人类社会独立的政治实体，一直是国际社会行为主体。1648 年的《威斯特伐利亚和约》从法律上确立了主权国家的地位，明确主权国家具有领土原则、主权原则与合法性原则。主权国家的根本属性是独立主权，独立自主处理国内外事务是主权国家的主要特征。经济全球化给全世界带来了很多全球性的问题，全球环境问题就是其中之一。在全球环境治理中，以联合国环境规划署为主的国际组织等在全球环境治理中发挥着重要作用，但不可否认主权国家仍是全球环境治理机制的核心主体，在全球及区域环境治理机制的构建、运行中具有绝对的、其他主体不具有的重要权力。在国际关系层面，无论是全球层次、区域层次、多边或双边层次，国家均表现为核心要素并起着决定性的主导作用（孙凤蕾，2007）。东北亚区域内的环境问题需要国家间的沟通和协调来解决。国家环境主权原则是东北亚区域环境治理的重要原则。

主权国家在区域环境治理机制的构建与运行方面发挥着主导作用。主权国家是区域双边、多边环境合作的主要参与者，同时也是全球环境立法的基本法律主体，以及通过谈判等方式参与全球环境治理机制的治理原则、治理规范及决策过程的主导主体。主权国家的政策行为可以影响区域环境治理机制的运行，区域环境治理机制的政策需要主权国家在政府层面上才能执行。因此，东北亚区域环境治理机制的有效运行主要依赖东北亚各国政府的参与，参与区域环境治理机制的主权国家需要在国内出台相应的政策制度。国家政策仍是影响区域环境治理机制运行的重要因素。

主权国家在区域环境法规的制定和实施中起着决定性的作用。完善的区域环境治理机制需要区域内统一的环境规范或环境法律体系。主权国家在环境条约的签署上是其他主体不能替代的，虽然非国家主体在区域环境治理中的重要性日益增长，但主权国家仍是环境条约、法规等签署的决定因素，只有主权国家才有权力促使协议的最终形成。同时，主权国家需要承担区域环境条约规定的义务，以及承担违反条约所必须承担的责任。如果一国内部违反了区域环境条约所规定的义务，并造成了区域内的环境损害，那么国家就必须承担环境损害的责任。

区域环境治理的复杂性、全局性和协调性等特征，涉及跨境的协调和协同治理，这就需要主权国家在东北亚区域环境治理机制的构建中负责顶层设计，确保东北亚区域环境协同治理机制的长效性，保证治理机制的有效运行；同时形成以区域可持续发展为目标，区域整体协同发展为引领的区域整体定位，保障东北亚区域经济社会与环境保护同步发展，实现东北亚区域整体治理效益最大化。

6.2.2　跨国公司构成环境治理的重要力量

在全球经济发展的历程中，跨国公司是经济全球化发展中不可缺少的力量。跨国公司是全球贸易、投资等全球性经济活动的主要承担者。随着跨国公司的发展，其贸易、投资行为对全球经济具有越来越大的影响。获取利润是跨国公司进行贸易投资的主要目的，跨国公司的跨国性决定了其是全球环境危机的主要责任者，对全球环境恶化特别是发展中国家生态环境恶化具有重要责任。20 世纪 90 年代，世界银行资助的一项研究表明，发展中国家的污染产生大幅增加，均是由跨国公司行为所致（马忠法、胡玲，2020）。

跨国公司作为全球经济发展的参与者，在全球环境治理中同样是不可缺少的主体。跨国公司利益最大化的目的，使其往往忽视对环境的保护，其在生产经营过程中将会导致环境的恶化。同时，跨国公司在环境治理过程中也具有其自身的优势。首先，环境问题的跨国性使主权国家政府受到一定限制，在解决跨国环境问题时不能发挥在一国内环境治理的优势，但跨国公司所具有的跨国生产经营的特点，使其能在解决跨国环境问题时发挥这一优势。其次，跨国公司自身的财政优势和技术优势使其有能力对环境问题的改善作出贡献。最后，随着跨国公司机构和制度的完善，它自身拥有的组织决策机制，使其对全球及区域环境治理的影响越来越大。

6.2.3 环境非政府组织是环境治理的重要参与

关于非政府组织的定义，有广义和狭义之分。广义的非政府组织是指不属于政府机关的组织机构，包括环境团体、研究机构及地方政府的附属机构。狭义的非政府组织是指专门以服务社会和影响政府决策为目的的非营利性质的志愿者团体组织。世界银行对非政府组织的定义为：致力于解除疾苦、消除贫困、保护环境、提供最基本的社会服务或促进社区发展的私人组织。世界银行还强调非政府组织是整体或部分地依赖慈善捐助和志愿服务、具有高度价值目标的组织，利他性和志愿性是它的两大决定性特征①。非政府组织在唤醒公众环境意识、监督环境援助、实施的环境政策等方面发挥着重要作用。20 世纪 70 年代以来，随着经济全球化带来的国际环境污染问题日益突出，以联合国为代表的国际组织关于环境议题的会议增多，这为环境非政府组织的发展提供了机会。非政府组织以观察员的身份参加各种国际会议，以示威、游行、科普等行动唤起整个社会对环境保护的重视，环境非政府组织在全球及区域环境治理中还能监督国家决策、引导环境治理朝着积极方向发展，其在环境治理过程中的地位越发重要。

环境非政府组织在区域环境生态治理过程中的作用主要体现在以下几个方面。首先，环境非政府组织是区域环境意识的宣传者和倡导者，如世界资源研究所、环境与发展国际研究所等非政府组织在环境问题的研究和环境信息的传播上均起到极其重要的作用，它们对公众进行的环境宣传在一定程度上提高了公众对环境保护的认识。其次，环境非政府组织是区域环境治理的参与者、监督者和促进者。环境非政府组织通过参加区域环境

---

① 参见：世界银行的"Involving Nongovernmental Organizations in Word Bank-Supported Activities"一文。

会议、参与谈判、参加环境治理机制的构建、组织与区域环境问题相关的会议及论坛等方式，促进区域环境治理的发展。环境非政府组织还可以通过与国家、政府的合作参与审议和监督环境条约的实施和执行。由于环境污染已成为超越国界的问题，超出了一个国家的主权治理范围，因此区域环境治理需要在区域内不同国家之间制定统一的环境规则，而环境非政府组织可以利用自己的跨国性和非政府性，通过自身特性加以积极促进，使不同的主体达成共识，推动区域环境治理向前发展。

在东北亚区域生态环境治理中，非政府组织在提高区域公民环境意识及组织公民环境抗议行动上同样发挥了重要作用。然而，东北亚区域内非政府组织的发展相比国际非政府组织发展较为滞后，东北亚区域内日本非政府组织的发展相对较早，早在 20 世纪 60~70 年代就出现了非政府组织组织市民举行抗议活动。1995 年，日本存在 26000 个非政府组织，具有合法地位的有 906 个，在日本非政府组织很难获得合法地位，这不利于非政府组织在日本的发展，也阻碍了日本非政府组织在环境治理中的主导权发挥。

在以国家主体为主导的多元主体参与的东北亚区域生态环境治理中，非政府组织应与国家主体等其他主体具有平等的地位，与其他主体相互依赖、相互支持，充分发挥优势，在一定程度上弥补环境治理中缺乏效率、监督检查的不足，成为多元治理过程中的重要主体，形成以国家为主导、跨国公司、国际组织与非政府组织相互依赖、相互支撑的环境治理体系，进而凝聚有效的区域环境治理合力。

6.2.4 社会公众是环境治理的宣传者和监督者

社会公众环境意识的觉醒使其成为环境治理主体中不可缺少的部分。1962 年，美国作家蕾切尔·卡逊的《寂静的春天》出版，使人们觉醒了污染和有毒化学品对人类及其他生物具有威胁的环境意识，同时引发了公众对环境问题的关注。1972 年，罗马俱乐部发表了名为《增长的极限》的研究报告，指出全球各种污染加剧已直接威胁到生态平衡及人类生存的环境。这类书籍和报告的问世给世界经济的粗放式发展敲响了警钟，也引发了西方社会大规模的环境保护运动，激发了人们对环境问题的关注。公众的力量不仅在于影响国家、国际组织等的决策议程，还可以在环境领域采取直接的行动来表达对国际环境问题的关切，如公众作为消费者对于非环境友好型产品的抵制就是一个直接手段（孙凯，2006）。

社会公众可以通过选举投票、举行游行、提出建议、印刷发放传单等多种渠道影响政府决策。在环境问题上，公众会对自己居住地的环境问题更为关注，能对当地环境标准和环境法规的实施状况起到监督和反馈作用。社会公众这一主体既是良好生态环境的需求者、受益者和保护者，又是生态环境的破坏者。社会公众这一主体应积极参与到区域环境评价和协商的活动中，保障公众在区域环境治理进程中的监督职责，提升公众在东北亚区域环境治理中的监督作用。同时，公众在日常生产生活中对环境问题的产生具有一定的责任，其需要改变自己的生活方式，即选择绿色、环保、低碳的生活方式，做到既是环境问题的监督者又是环境保护的践行者。

6.3 东北亚区域环境治理机制设计的重点

6.3.1 治理共识层面要构建环境治理理念

东北亚区域环境协同治理意识是环境治理的基础，如果每个国家治理主体都缺乏合作治理的理念，都想"搭便车"，都只以国家 GDP 增长和经济发展作为重要目标，区域环境协同治理就很难取得进展。构建东北亚区域环境协同治理，最先要做的是构建环境协同治理的意识。

6.3.1.1　提高环境意识

环境意识，是指人们在认知环境状况和了解环保规则的基础上，根据自己的基本价值观念而发生的参与环境保护的自觉性，它最终体现在有利于环境保护的行为上。环境意识是在对以往人与自然关系的各方面即基本观念、价值观、伦理道德、行为方式、发展道路等的全面反思后，提出的一种与传统意识有着质的区别的新意识，是保障生态系统安全，实施可持续发展战略的必要条件（吕君、刘丽梅，2006）。当前全球环境问题启示我们，必须从占有自然的观念转变到尊重自然的态度，从征服自然的行为转变为爱护自然的活动，从只注重经济增长转变为注重经济的可持续增长。环境意识的思想来源于人们正确认识人与自然的关系，同时，其也推动着人与生态环境关系的发展（陈亮，2017）。环境意识的提高是把环境保护的意识纳入整个区域的社会意识形态中去，纳入区域协同发展的观念中去，从低层次的环境保护措施上升到人与生态关系的正确认知，提高到对区域环境问题的高层次治理水平和体制水平上。只有提高区域内民众的环境意识，才可以使其产生相应的环境危机意识和环境治理的责任感，提高民众对环境保护的自觉性，促进区域内人与自然的和谐，以及环境与经济的可持续发展。

6.3.1.2　增加环境协同治理意识

东北亚区域内国家缺乏政治互信，区域内地缘局势不稳定，复杂的历史问题、领土问题等交织在一起，增加了区域间的合作难度。在经济上，东北亚各国经济发展水平不同，环境合作治理缺乏经济上的基础。区域内发展中国家以发展经济为己任，缺少资源和先进的技术来解决环境问题，需要国际社会的支持。区域内环境协同治理的意识并不强烈，在此情况下，需要区域内各国及环境治理的各参与主体积极参与到环境治理进程中，提升环境协同治理意识，促进区域环境协同治理进程的发展。

6.3.1.3 建立东北亚环境共同体意识

环境共同体意识主要指共同体中群体成员的环境意识，是环境共同体成员对环境所表达的共同意志与情感，反映了整个群体的环境认识水平和环境道德水平。人类自诞生起就生活在以地球环境为载体的人类环境共同体之中。东北亚国家的"环境共同体"意识，既表现为对共同面临的国内环境问题的认识，又表现为对跨界环境问题的日趋一致的认识，还表现为对全球层面环境问题立场的相互理解与协调意愿。生态环境资源为全球配置，收益为全球共享，一个国家或地区对生态环境资源的使用往往会影响各国民众的福祉，东北亚区域亦不例外。环境共同体需要具有坚定的生态理念和明确的环境意识，还需要各方积极参与到解决环境问题的实际行动中。环境共同体的行为直接关系到东北亚区域环境保护和可持续发展目标的实现。东北亚环境共同体的形成是需要逐步建构和培养的，关键在于区域内环境意识的觉醒、价值观念的转变及行为模式的构建，其实现路径就是环境素质的教育。目前来看，东北亚各国亟待加强环境共同体意识。具体来说，提高环境共同体意识，应结合生活实际加大环保宣传力度，通过学校教育提高青少年环保意识、结合理论与实际提高公民环保认知度。

6.3.2 管理体制层面要建立区域协调机构

区域环境治理的协调主要体现在协调区域内各国的利益要求和各行为体的利益表达，而协调机构为多元主体在区域环境治理过程中建立的非强制性协商对话平台。环境治理不是简单的环境问题，其涉及当前和长远、个体和集体、国际和国内政治、经济、人文、生态等多方面及多层次相互交融的问题。应对区域环境污染的治理是个综合性的复杂工程，需要以国家为主的参与主体密切合作，统筹协调，共同完成。关于整合现有区域环境治理机制，应克服环境治理中存在的问题和制约因素，立足当前生态环境现状，着眼区域可持续发展综合治理，通过机制创新、管理创新、技术创新，建立区域环境治理的管理体制。环境治理涉及横向的不同部门之间和纵向的不同层级之间的复杂关系。横向上，需要区域内各国内部涉及环境污染治理的部门建立区域环境污染的联防联控。纵向上，涉及国际、区域、国内三个不同层次，需要建立能够统筹协调的组织机构，共同确定区域环境治理发展战略和治理方针，协调解决区域环境治理中的重大问题。

6.3.3　制度体系层面要完善环境治理制度

詹姆斯·罗西瑙（2001）认为，治理是一种秩序。奥兰·杨（2007）指出了机制与制度之间的区别，认为机制是指一连串连锁的权利和规则，它们管理着成员在特定问题上的互动关系。这种互动关系通过组织的形式，包括实在性的实体，它们拥有官员、人事部门、设备和财务预算，通过规则获得特定的目的和满足可持续性目标。治理是通过正式与非正式的机制和制度来维持全球或区域的正常秩序，治理方式强调不同行为体间的动态协调，而非静态的机制安排。在这个意义上，治理的概念具有了进程导向的性质，其重点在于"为推动体系整体利益在不同层面上进行的整合进程"。因此，东北亚区域环境治理离不开治理的制度环境。东北亚区域的地理环境紧密联系，不同的国家有着各异的制度环境，既包括正式的制度环境，如政治、经济和法律制度，也包括非正式的制度环境，如文化、传统习俗等。完善区域环境治理的制度体系是克服合作制约因素，保证区域环境治理机制有序、有效持续进行的制度保障。

6.3.4　科技支持层面要提高科技贡献能力

受当前科学水平的限制，无论是在环境污染的监测方面，还是在对未来环境污染影响的评估与预测方面，都存在较大的不确定性。增加科学技术的支撑，加强区域环境污染治理等相关专业学科的建设，加大基础科学的研究力度，开展区域环境监测、环境污染评估、环境质量变化趋势的预测，是区域内国家及全球各国都面临的挑战。因此，要强化环境领域的科技支撑体系，满足区域和区域内各国经济社会可持续发展的需求。一是加强生态环境问题的基础研究。基础研究是环境领域科技创新的源头，加强生态环境问题的基础研究有助于发现污染的形成及演变规律，更能提升污染治理的准确性和科学性。二是加大科技投入。在已有科学技术手段的基础上，利用卫星与遥感技术监控和获取环境污染信息，多渠道获得环境污染跨界转移之前的信息，为污染转移可能带来的经济社会风险做好准备。建立灾情预警系统，提高灾害信息的处理速度，对有可能发生的风险做到及时、准确的预报。三是增强环境治理领域的科技创新和科技支撑能力。调动多学科的交叉融合，调动生物、地理、地质、海洋、气象以及生态等领域共同对环境问题的研究。

6.3.5 社会参与层面要不断提高环保意识

区域环境治理行为体不只限于政府，还包括国际组织、跨国公司、非政府组织和公民社会组织等。区域环境治理行为体具有多元性。这种多元性体现在两个方面：①任何一个地区都由若干成员组成，在地区决策和地区权力的行使上，不存在一个绝对的、单一的行为体，每个成员都是其中之一；②就参与和影响决策的行为体来分析，政府是主导但不能主宰。治理过程中需要的是多元互动，任何决策都需要多个行为体的参与。区域环境治理目标的实现离不开公众的参与，需要加大媒体的宣传力度，提高公众的环保意识，引导公众形成低碳环保的生活方式，提高公众对环境污染的重视。

社会层面环境意识的提高措施有以下两个方面。第一，利用电视、广播等融媒体大力宣传环境污染对经济社会发展的危害，调动全社会的力量参与区域环境治理中可能要做的工作，加大环保的培训、宣传和教育力度，并增强对极端的和可能危害健康的环境问题的宣传。第二，提高企业的社会责任意识，强化企业参与环境污染的治理。从源头控制企业污染物的排放，减轻对环境的影响。完善环境治理多主体的合作协调机制，建立主权国家主导、企业和公众广泛参与的区域环境治理机制和管理体系，健全多元主体参与机制。

6.4 构建东北亚区域环境治理机制

区域环境治理机制是多样的，不同区域机制设计的内容都不一致，根据上文关于区域环境治理方向的分析，将东北亚区域生态环境治理机制设计为沟通协调机制、协同管理机制、监督约束机制、社会参与机制。

6.4.1 沟通协调机制

东北亚区域生态环境治理的沟通协调机制中，沟通是治理的前提，只有确保信息的有效传递，才能根据信息进行沟通，协调是沟通的目的，通过沟通解决问题、解决矛盾。

区域生态环境治理的协调功能体现在两个方面。一是协调地区内各成员的利益要求和各行为体的利益表达，为多元主体之间在地区政策制定和利益整合过程中的讨价还价建立一个平台，它体现治理过程的非强制性和协商对话的特征。尽管东北亚区域成员国在经济发展程度、产业结构、国内的稳定性等方面具有差异性，但区域一体化则要求整个地区在一些政策方面是一致的，体现各成员的平等性和统一性。在环境治理的过程中，协调各主体的利益要求是一项重要任务，要消除区域政策差别等障碍，使各成员国的政策和行为趋于一致。为维持区域生态环境治理机制的稳定性和有效性，东北亚区域生态环境问题的解决需要区域内国家协同治理，因此，区域内主权国家和其他主体之间的沟通协调机制必不可少。东北亚区域生态环境协同治理的利益相关者通过平等的沟通协调机制，共同制定东北亚区域生态环境治理的规划，确定协同治理什么、如何治理等问题并落到实处，确保东北亚区域生态环境协同治理机制的顺利运行。东北亚区域生态环境治理的沟通协调是指在区域环境治理过程中为达成治理的目标而进行的交流，根据交流的信息正确解决治理机制运行过程中存在的问题。区域协调机制是一种以区域为单元的多边对话机制，其表现形式主要是通过现行区域建制，凝聚区域共识，保持区域联结，推进区域治理。区域协调通常发生在接触频繁的邻国之间，主要通过缔结条约、发表声明等形式来保证协调的有效性。区域沟通协调是区域治理能力的体现，区域沟通协调一般是通过会议制度就相关事项进行对话、磋商与谈判。秘书处是区域沟通协调的中枢机构，通常通过议程设置对相关事项进行协调和应对，秘书处还通过成立专门委员会等来推动区域协调。强有力的组织机构是跨国政府合作机制发挥作用的关键，协调各方的利益，促进各方的沟通与合作，避免可能发生的利益冲突。通过沟通协调，整理、整合、规范现有机制，强化六国共同参与的东北亚环境合作高官会议的主导力和领导力，同时常设秘书处提升六国对话机制下的双边合作与多边合作水平，提升区域环境治理水平，提升应对区域环境问题的反应能力和处置能力，实现构建区域命运共同体和区域可持续发展的目标。

6.4.2 协同管理机制

区域环境管理的职能通过建立区域环境权威机构实现，区域环境治理委员会、议会和法院等是区域环境治理方面的权威机构。部长会议对首脑会议负责，是共同体最重要的执行机构。区域建制体现了不同国家在其中的权力分配和制度安排，是区域治理的建制化机构。当区域治理进入高级阶段，其运行机制通常会在政府间主义和联邦主义之间徘徊：一方面，联邦主义的宪法机制是区域建制化的内在要求；另一方面，政府间主义通常是协调不同利益的现实选择。从长远看，联邦主义的宪法机制是区域治理的制度保障，"即使少数服从多数的制度安排业已形成，非多数主义机构在后国家背景下的作用也会得到强调"①。

从 20 世纪 90 年代开始，东北亚区域国家之间就开始了环境污染的合作治理，开展了一系列中央政府和地方政府之间的双边和多边环境合作。政府在环境保护中担任多种重要角色。首先，政府之间签订环境合作的双边、多边或区域环境合作协定。其次，举行有各国高级政府官员参加的环境合作会议。最后，组织各种形式的合作活动。东北亚区域内环境合作中的中日韩环境部长会议、东北亚环境合作会议、东北亚环境合作环境高官会议等一系列合作机制，加强了东北亚国家间的高层政府交流。但大部分合作机制中都不包含朝鲜，朝鲜的缺席使东北亚环境合作的制度安排缺少了一个重要的环节，使东北亚区域内国家之间不能建立必要的联系与协调。朝鲜半岛局势一直是东北亚乃至整个世界关注的焦点，近年来，朝鲜半岛局势出现转圜，朝鲜也积极参与到东北亚区域交流与合作中。

建立东北亚区域国家间横向协同管理机制，具体包括：第一，加强国家间信息交流。区域各国政府之间横向合作需要加强有效的信息交流互动。各国在环境信息上的定期沟通对区域内污染问题的提前防控具有积极作用，可以减少因信息滞后而增加的治理成本。第二，构建区域跨界突发环境事件的应急协作联动机制，成立环境突发事件应急工作组，提前做好应急行动预案。第三，建立区域生态补偿机制。生态补偿机制是保证区域内各地区之间保持长效合作的利益机制，根据不同经济社会发展状况及生态效益的受益和受损情况，按资源和环境容量有偿使用的原则逐步建立生态补偿体制。这些规则的建立必须综合运用法律、体制、经济、社会等方式来实现。

---

① 联邦主义是指政治实体在共同体框架下享有一定的自治权力，同时中央政府和地方政府之间具有一定的分权和合作关系的一种制度安排。在这种制度下，中央政府和地方政府都具有重要的作用。在后国家背景下，非多数主义机构的作用可能会得到强调，这是因为在多元文化和多民族国家中，各种群体的权益都应得到平等的保障，而非多数主义机构则可以为少数群体提供发声和参与政治决策的机会，从而实现民主和平等。

6.4.3 监督约束机制

完善各国政府间环境合作治理的监督和约束机制。政府间环境合作监督和约束机制的建立，能更好地维系政府间合作的长久性和稳定性。东北亚区域需要建立完备的环境监督体系，以加大对区域环境的监督力度。执法监督是环境管理最基本、最基础的支撑，是提升环境监管能力的重要途径，是环保部门的立足之本。以环境质量改善为核心加大环境治理力度，离不开执法监督工作的有效开展，因此执法监督工作只能加强、不能削弱（宋旭，2016）。当前的区域治理专业化程度要求越来越高，跨境族群分布、环境和生态评估、地理信息和空间资料等都可以进行高维数据分析。随着数字技术的发展，区域治理中历史数据和典型案例的收集、统计和分析越来越便捷，因此可以建立区域治理的科学监测模型和评估体系，以有助于巩固区域治理（陈亮，2017）。

东北亚区域要形成综合运用法律、经济、技术及必要的行政手段管理和保护环境的新格局，逐步改变被动、事后补救、消极的执法监督现状，形成主动、事前预防、积极的新局面，着力提高环境监管水平。在东北亚地区，要建设完备的环境监督约束体系，起到信息共享、监督监测、预警应急等综合作用，以实现环境与经济协同发展。建立东北亚环境治理监测监督平台，汇集东北亚区域环境变化即时数据，即时或定期对东北亚主要环境问题通过各项指标进行监测和评估，监督域内生态环境变化并及时发出预警或采取常规措施乃至应急措施。

东北亚区域生态环境协同治理意味着不同政治、经济、文化、生态环境的地区之间的交流与合作，实施范围广、难度大，需要建立完善的监督约束机制，从而保障环境治理的顺利进行。东北亚各国在自然地理、人文环境上差异显著，需要区域环境治理主体共同构建正式的制度环境，统一区域内环境标准，制定统一的环境效益评价指标体系，建立国家主体治理、非国家主体评价与监督的区域治理机制。

6.4.4　社会参与机制

社会参与是区域生态环境治理的基本要求，社会参与的水平可以反映各治理主体在区域环境治理中的主观能动性，体现区域环境治理的水平。社会力量包括各企业和其他非政府组织及社会公众。在区域生态环境治理过程中，他们既是环境治理的直接受众，也是至关重要的治理主体。社会参与环境治理的形式多种多样，涉及环境理论研究、环保技术开发、区域环境管理参与、环保知识宣传教育、环境政策响应等，充分开发社会公众参与环境治理对于环境治理能力提升具有重要的价值。构建社会参与机制，具有重要的作用。从预防的角度看，可增强全社会的环保意识，强化环境治理体系的社会基础，提高预防工作的有效性；从应对的角度看，可减少事故的发生和可能造成的危害，提高公众环保意识和环境治理的参与能力。东北亚区域内各国应该在提升域内六国环境治理共识的基础上，政府高度重视、企业与公众积极参与，真正发挥好社会参与机制的积极作用。

6.5　本章小节

本章探索了构建东北亚区域环境治理机制的框架体系，明确了东北亚区域环境治理机制的设计原则和目标等。研究认为，东北亚区域环境治理要遵循国际环境治理一般性原则、区域可持续发展原则及协同治理与属地治理相结合的原则，治理机制框架设计应满足各治理主体自身利益需求、区域乃至全球生态环境治理需求，共同协商、协调、协同，进而采取共同行动，达到共同的环境治理目的。具体来讲，东北亚区域生态环境治理机制应包括沟通协调机制、协同管理机制、监督约束机制、社会参与机制四个方面。

❼

东北亚区域环境治理机制的运行

7.1 东北亚区域环境治理机制运行的总体思路

7.1.1 东北亚区域环境治理机制运行的总体思想

治理机制是解决区域环境问题、维护区域正常环境秩序、促进区域生态环境可持续发展的规则体系，是区域环境治理的核心。区域环境问题具有典型的公共物品特性，虽然这种性质造成了区域国家间相互依存的状态，但是，国家在该领域治理能力或意愿的欠缺，以及环境负外部性因素的影响，将导致其应对这些问题时的失效。一个有效的区域环境治理机制，应通过合理的运行方式较好地体现区域环境治理功能。任何理论均没有固定化的实践路径，而是根据现实的、具体的需要进行适当的选择。在区域一体化趋势下，区域环境合作治理机制的运行，既不可能是单纯依靠政府的合作，也不可能是其他区域治理机制的照搬套用，否则容易产生治理的无序与无效。具体来说，要以更新治理理念为前提，以创新环境政策、构建治理机制为核心，以完善区域法律、设置合作机构为保障。

7.1.1.1 以多元主体共同治理为原则

区域环境治理主体是环境治理中的决定性因素，治理主体是环境治理理念的倡导者，也是环境治理规则的制定者和实施者。环境治理的主体主要包含主权国家、国际组织、跨国公司、非政府组织、社会公众等。在环境治理的过程中主权国家仍是治理的核心主体，主权国家在环境治理机制的创建、运行过程中具有其他主体所不可比的影响力，缺少主权国家的参与，无论是机制的构建还是机制的运行都难以实施。国际组织是在人类长期组织化的过程中产生的，具有高度国际合作的功能（梁西，2002）。国际组织是各国政府合作的产物，具有较为稳定的合作形式，在环境治理中的地位日趋重要。环境非政府组织的发展丰富了环境治理主体的构成，使区域环境治理的参与主体更加多元化，也发挥着越来越重要的作用。随着社会公众环境意识的觉醒，更多的人意识到环境保护的重要性，也有意愿参与到环境治理的进程中。从目前来看，东北亚区域环境治理的主体相对单一，主要以主权国家为核心，东北亚区域内包括中国、日本、韩国、俄罗斯、蒙古国和朝鲜六个国家构成，但其中朝鲜加入的环境治理机制只有次区域环境合作项目（NEASPEC），非国家主体在区域环境治理中的参与度较低、影响力也有限。这主要是由于东北亚地区非政府组织的发展和活跃度普遍偏低，也很难影响政府或区域合作层面的政策过程。因此，应积极完善区域环境治理的参与主体，实现除国家主体以外的治理主体的积极参与。

7.1.1.2 以构建有效的治理机制为目标

治理的有效性是治理的基本要素之一。区域环境治理的有效性主要指人们对区域环境治理机制发挥了多大作用，是否实现了该机制在设立之初的预期目标。在治理环境问题的机制中，很多都缺乏有效性，气候机制、防治荒漠化机制等都存在失败的例子。要考察环境治理的有效性，需要通过考察各国在该环境治理机制内的规则履行情况。环境治理机制具有动态性，自机制建立之时，它们就开始不断变化。制度性安排一旦建立就不会一成不变。在解决问题的能力方面，环境治理机制会经历各治理主体之间相互博弈的过程。构建有效的东北亚区域环境协同治理机制是该机制发展的基础。

7.1.1.3 以完善区域法律和设置合作机构为保障

完备的环境保护法律制度能够促成环境成本内部化，从而带动区域生态环境质量的持续改善。因此，要想实现区域可持续发展的目标，必须以完善相关法律制度作为坚实保障，具体有以下三点。一是比较区域内国家现有环境保护法律政策，建立区域内统一的环境标准和环境政策；二是建立区域交流协调机制，实现定期交流协调，加强环境信息和环境政策的互通和流转；三是完善区域环境联动机制，在环境治理过程活动中应相互通报，及时地进行沟通协调。跨界环境污染治理问题涉及面较广、机制运作复杂，容易造成区域内各治理主体之间的矛盾，因此建立超越行政边界的环境治理机构至关重要。具体而言，可通过建立区域环境治理委员会、区域环境治理秘书处等，讨论区域环境治理的协调与合作，协调解决跨区域的环境污染问题，对区域重大环境问题进行统一治理，组建区域突发环境事件工作小组，进一步强化对区域环境治理工作的监督检查。

7.1.2 东北亚区域环境治理机制运行的原则

东北亚区域环境治理机制的运行，不仅要符合区域经济社会与资源环境的特点，实现区域环境治理的合作与共赢，而且要打破主权国家治理模式，建立以国家为主导，非政府组织、企业与广大公众共同参与的合作体系与治理模式。以国家为主、多元参与的环境治理模式，在突出国家主导地位的同时，非政府组织等参与主体不再是单纯的服从关系，而是更积极地参与治理，弥补国家在环境治理过程中的不足。东北亚区域环境治理机制运行坚持以沟通协调为主，实现区域共同发展；坚持以国家主导，实现多元主体共同参与；坚持以合作为支撑，实现责任共担的原则。

7.1.2.1 坚持以沟通协调为主，实现区域共同发展

区域环境治理过程中各主体之间要高度重视沟通和协调工作，这是区域环境治理机制顺利运行并实现治理目标的重要基础。东北亚区域环境治理的沟通协调机制必不可少，区域治理的各主体通过平等的沟通与协调共同制定环境治理的实施方案，将治理什么、如何将治理落到实处，确保区域环境治理工作顺利进行。构建区域环境治理的沟通协调机制，目的是为了治理目标的实现而进行信息交流，并用交流的信息正确处理治理过程中的矛盾。沟通是前提，只有确保沟通信息的准确、及时和有效，才能根据信息进行协调，而协调是沟通的目的，通过沟通确定各主体利益偏好，才能运用正确的手段协调解决问题，以实现区域经济、社会、环境共同发展。

7.1.2.2 坚持以国家主导，实现多元主体共同参与

东北亚区域环境治理机制决定了以国家为主导的多元治理模式。在分析、研究东北亚区域环境污染经济社会成因及现有区域环境治理机制存在的问题的基础上，为了满足来自不同层次、多样化的行为体表达各自利益诉求的需要，在机制建设方面采取了诸多措施，以丰富不同行为体参与决策的机会，提出以区域内中国、日本、俄罗斯、韩国、朝鲜、蒙古国六国国家政府为主导，企业、环境非政府组织、社会公众积极参与的多元治理体系，从而推动区域环境治理决策过程向更具包容性和开放性的模式发展。

7.1.2.3 坚持以合作为支撑，实现责任共担

环境污染的跨国性和无边界性决定了污染不仅是一个国家内部的环境、经济、社会的利益问题，而且涉及区域内其他国家的相关利益。多因素与多原因造成区域内跨界环境污染的产生，需要区域内国家以合作为支

撑，建立有效的区域环境治理组织机构，采取沟通、协调性的措施共同努力应对环境污染问题，建立区域环境利益共同体，明确区域国家的责任与义务，从而形成区域内利益共享、责任共担的区域环境治理新格局，推动区域环境治理目标的实现。

7.1.3　东北亚区域环境治理各主体定位

根据公共产品理论，区域环境公共产品具有覆盖范围更大、投入更大及影响因素多的特点，跨国环境要素，如大气环境、海洋环境等，超过了一国的范围，因此需要加强国际合作。通过沟通协作机制，多主体集体行动，共同生产和供给区域公共产品，才能实现治理的目标。

7.1.3.1　国家

政府在一国内承担着保护自然环境、防治环境风险的责任。在区域环境治理过程中，国家主体作为主导性主体，在东北亚区域环境治理机制运行中发挥引领和保障作用。主权国家作为区域环境治理的核心主体，在区域治理中处于主导地位。首先，在全球环境治理的一般性原则中就有国家主权原则。这个原则明确了在具体的国际环境合作过程中，各国主权是平等的，每个国家有权决定是否合作、与哪些国家合作、就哪些领域进行合作等问题，任何其他国家不得干涉。其次，主权国家在区域环境治理机制的创建、运行等方面发挥着主导作用，国家的行为极大影响区域环境治理机制的运行，治理机制的政策在国家内部需要依靠政府的决策才能执行。最后，从国际环境法领域来看，国家在缔结环境条约、承担条约规定的义务、承担环境法责任等方面是国际环境法的基本主体。

7.1.3.2　企业

企业是经济社会发展的微观主体，企业具有自身的社会责任，在关注自身经济利益的同时，还应关注环境和社会的影响。企业的社会责任包括责任和透明两个概念。责任，是指商业活动要满足企业利益相关方的要求，关注自身在社会、环境、经济方面的表现；透明，是指企业公布那些对员工、社区及环境等产生影响的企业方针与实践方面的信息（张云，2019）。企业环境相关的社会责任如生态效率、环境管理等，体现了可持续发展目标对企业的要求。在这种背景下，大多企业将环境保护列入企业生产经营战略中，随着经济的发展，跨国公司对环境治理的影响也会越来越大。

7.1.3.3 非政府组织

非政府组织是在国家或国际上组织起来的非营利性的、志愿性的公民组织，即独立于政府体系之外的、具有一定程度的公共性质并承担一定公共职能的社会组织，其在人类活动的各个领域和层面，具有非政府性、非营利性、志愿性等基本属性。非政府组织的发展已有很长时间，在1945年10月与联合国基本同步出现。由于非政府组织在一些国际事务中的突出贡献，多次获得诺贝尔和平奖，2007年联合国政府间气候变化专家小组就获得了此项殊荣。非政府组织的地位越发重要。在以国家为主导的多元主体共同参与的环境治理机制运行过程中，非政府组织应充分发挥自生优势，弥补国家主体在治理过程中的不足，成为多元治理的重要主体。

7.1.3.4 社会公众

公众既是生态环境污染的制造者，也是生态环境污染的直接受害者。区域环境治理需要社会公众积极地参与到治理的过程中，与其他主体共同努力，推动区域环境的可持续发展。社会公众参与环境治理的方式主要体现在三个方面：一是观念上的参与。在公众中推行环保意识的教育，使环保意识深入人心，让公众在生活中产生保护环境的社会责任感。二是合作性参与。积极与政府、企业、非政府组织等其他治理主体配合，支持区域环境治理的发展。三是制度性参与，制定社会公众参与环境治理的制度性规定，确保公众能参与区域环境治理的全过程，并确保社会公众在治理过程中的一定话语权。

7.2　沟通协调机制的运行

7.2.1　建立负责沟通协调的秘书处

联合国秘书处是联合国的常设机构之一，其任务是处理各机构的行政秘书事务，执行联合国各机构交付的任务，如在解决国际争端中进行斡旋、调节，管辖维持和平行动，调查世界经济发展趋势和问题，组织国际会议，编纂统计，翻译文件，为世界各新闻机构提供服务，等等。建立东北亚区域环境协同治理的秘书处，一是通过召开区域首脑会议，确定秘书处的建立，确定秘书处办公地点、秘书处成员组成。二是明确秘书处主要职责为：协调区域内国家生态环境保护工作，执行区域环境会议决议的政策和项目及财政预算，负责机构的日常运作等事宜。秘书处工作人员应当包含各个国家的代表。

7.2.2　定期召开区域环境治理国际会议

自 1972 年联合国人类环境会议开始，许多重大的、多方参与的国际环境会议经常举行，会议就各国公海生物资源保护、海洋污染防治、大气环境污染防治、危险废弃物越境转移等众多与环境议题相关问题展开（李金惠，2018）。

东北亚区域内需要定期召开区域内国际环境会议，通过会议建立起区域内政府间的沟通与交流，深化区域环境合作治理。第一，提高区域内国家对环境保护的重视程度。第二，增加区域环境治理的共识。区域内国家在公开、透明、互信的基础上开展环境合作，在沟通协调机制的推动下，搁置争议，克服合作的制约因素，积极达成合作共识。第三，日趋完善区域环境治理机制。完善的治理机制是区域环境治理正常开展的基础。

7.2.3　加强环境治理机制与其他机构的对接

沟通协调机制的功能还体现在与其他机构关系的协调上。区域内的行为体有各自的利益需求，为追求自身利益最大化，不可避免地与其他行为体乃至区域利益产生冲突，区域环境治理机制的重要作用之一，就是在引发冲突前，协调各方的利益，促进各方的沟通与合作，避免可能发生的利益冲突。现有许多机构在不同程度上都有生态环境治理相关事务，不同的组织机构各有其侧重，各有优势，为合理高效利用有限的人才、资源和公众关注度，应加强与其他机构的合作。例如，联合国环境规划署在环境与发展、环境与人口、环境与贸易等方面就与联合国可持续发展委员会、联合国开发计划署、世界贸易组织等有关国际机构开展着密切合作，共同促进了环境保护在这些领域的发展。

东北亚区域环境治理机制也需要与这类环境组织加强合作，利用其丰富的治理经验，改正自身发展的不足。与世界贸易组织、亚洲开发银行、亚洲基础设施投资银行等国际组织积极对接，为东北亚区域环境治理寻求资金支持；加强与智库、环保组织、跨国企业等合作，发挥智库、环保组织、跨国企业的社会影响力，它们是促进东北亚区域环境治理发展的重要力量。加强与其他相关机构的有效对接，可以促进区域环境治理的发展。

7.3 协同管理机制的运行

7.3.1 建立区域环境协同治理常设机构

协同治理是正式的制度安排。协同治理是"互动式行动、互动式结构与资源的共享",作为一种结构化的正式制度安排,体现为构建正式的组织机构及其相互关系。这便与非正式的多元主体互动相区别,非正式的多元主体互动有可能是偶然的和临时的,但是协同治理的正式制度安排体现为常态化的和社会发展战略的实现路径。于东山(2018)认为,作为一种正式的制度安排,协同治理不能随意使用和终止,而是结合本地区的实际情况,在战略规划引导下,作为一种管理技术和方法来进行社会治理。以中国—东盟环境合作为例,2011年,中国—东盟环境保护合作中心成立,其负责的事务主要包括:拟定规划中国—东盟环境合作项目并组织落实。协调研究本区域环境合作机制,为相关谈判提供技术支持。推动中国—东盟环保产业合作,组织技术交流、宣传教育、人员培训等活动。

基于东北亚区域内地缘形势、经济发展及环境问题的复杂性,需要通过设立组织结构来完成区域环境的治理。合作机构是支持区域内各国进行环境治理的职能部门,是整合区域生态环境资源、提供专项保护资金、促进环保技术升级、培育专业环保人才、集中力量攻克区域重点生态环境问题的保障。一是完善区域内环境协同治理的管理机构,建立东北亚区域协同治理委员会来协调管理区域环境问题,横向协调机制应加强区域内国家之间的沟通,通过协商、谈判加强双多边环境合作。二是建立区域环境治理的协商制度与合作网络。合作应建立在沟通、信任、承诺、理解的良性循环基础上,利益冲突是合作治理的出发点,在区域治理的协同管理中应加强治理主体的深层次沟通，以获取共赢的机会。

7.3.2　加强突发跨界环境事件应急协作

突发事件一般具有突发性、危害性、紧迫性、不确定性、持续性五个基本特征（李栋、周静茹，2016）。突发事件的危害与影响并不会短时期消除，在经济全球化和信息化时代，这类事件会从地方性事件转变为区域性事件，甚至有可能转变为国际性事件。这类问题的解决需要应急处理，即需要及时采取有力措施防止危害的蔓延。以2011年日本福岛核电站事故为例，其符合突发事件的全部基本特征。地震引发了大规模海啸，导致日本福岛核电站出现剧烈爆炸，产生严重的核泄漏，大量的放射性物质进入了日本及其以外的其他国家和地区。日本政府在并没有事先通报的情形之下，以不正确的处理方式将含有放射性物质的核废水排入太平洋，进一步造成了对海水的严重污染。当时的核泄漏除对日本产生影响之外，还影响了区域内的中国、俄罗斯、韩国和朝鲜。面对这类东北亚区域内突发海洋环境跨境污染事件，应成立区域内突发环境事件应急协作工作组，设定环境污染应急管理的处置程序和处置原则，以便在突发事件发生时能够快速响应。

7.3.3　探索建立区域内利益补偿机制

利益补偿主要是针对部分地区、公民等在环境治理中的利益损失，可以通过政府补偿、设立区域治理基金等手段来对受损主体进行适度补偿，以推动区域环境协同治理的顺利进行。从经济学角度来看，个体对利益的追求是一切社会现象产生及发展的根本原因。东北亚区域环境治理必须以互利共赢为原则，构建区域协同治理的利益补偿机制。区域环境治理主体以共同利益为治理的基础，通过沟通、协商、谈判等手段协调各治理主体彼此的利益关系，利益补偿机制要平衡发达国家和发展中国家在环境治理上的经济成本，通过多渠道对需要补偿的地区进行补偿。为实现区域环境协同治理，应在主权国家主导下构建利益协调机制，以缓解各个利益主体的利益冲突。在环境协同治理中，要建立利益表达和协调机制，确保非政府组织、公民等治理主体能够表达意见，进而使合作中的每个参与主体都能得到尊重。构建区域环境治理的利益协调机制，一是建立利益导向机制，就是引导区域内治理主体树立正确的利益观，从而合理选择自身利益目标，自觉调整利益需求，科学选择利益行为，正确处理利益关系矛盾。二是建立利益分配机制，就是确定区域环境治理主体的利益分配制度，在达成共识的基础上确保区域环境治理的顺利进行。三是建立利益均衡机制，就是保障区域参与主体的正当利益，并在共同利益的基础上实现利益共享与合作。

7.4　监督约束机制的运行

7.4.1　建立区域环境监测预警平台

要建立以大数据技术为支撑的东北亚区域环境监测预警平台，对东北亚区域环境管理不足的地区及需要重点关注的生态环境状况进行监测，以便能作出早期环境预警，预防重大环境污染事件的发生。监测与预警的主要目标是把突发环境事件控制在特定类型及较小范围的区域内，早发现、早报告、早预警，及时做好应急准备。为了有效处置突发环境事件，必须建立监测制度、预警机制，以尽最大可能地控制事态的发展。

东北亚区域环境监测预警平台可以针对区域内环境管理较弱地区的大气污染和气候变化、水污染、土地荒漠化、生态退化和生物多样性锐减、海洋污染等区域环境问题，以及整个区域可能发生的重大环境问题，进行监测、评估其发展趋势。为了能更早提出预警，组织区域内各环境治理主体必须积极响应，开展行动。

7.4.2 建立区域环境信息共享平台

信息技术的发展为建立信息共享平台提供了技术支持，推动区域内环境信息共享，要建设东北亚区域环境大数据服务平台，强化生态环保服务和决策支持，集中区域内国家的国别基础数据、法规标准、环境政策、技术产业、案例分析等内容。信息共享是区域协同治理的关键，政府向社会公布公共数据，促进公共信息的共享和利用，实现以信息为驱动的协调治理。在信息较为透明的国家，容易查到与环境相关的双多边环境协议。例如，在中国生态环境部的网站上就能查找到中国参与的国家环境公约内容和签订的双多边环境合作协议。为了推动东北亚区域环境合作，也需要建立专业的信息咨询和共享平台。首先，可以为企业提供区域内各国生态环境状况的基础信息，以及各国环境政策法规的信息查询服务。其次，区域内国家共享环境信息、环保信息，以促进区域环境统一标准的制定。最后，在信息共享、经验共享的基础上，逐步实现区域技术共享、资源共享、人才共享等。信息共享机制提供区域内国家环境信息交流、信息传递、公开共享的平台，推动区域协同治理的发展。

7.4.3 建立区域环境多元监督体系

建立区域环境多元监督体系需要政府、企业、非政府组织及社会公众在环境保护工作中，采用多种监督手段和方法，对环境保护情况进行监督和评估，从而提高监督的全面性、有效性和科学性，保障区域环境的安全和可持续发展。

第一，建立区域环境多元监督体系要明确监督的区域范围和目标。例如，监督一个国家的环境污染情况，还是监督一个地区的环境保护情况等。

第二，要确定监督指标和方法，在明确监督的范围和目标之后，需要确定相应的监督指标和监督方法。例如，监督区域内的环境污染情况可以考虑监测大气、水质、噪声等指标，监督地区的自然保护情况可以考虑监测生物多样性、土地覆盖、森林面积等指标。同时，可以使用传感器网络、卫星遥感等先进技术建立合适的监测方法。

第三，建立区域数据共享机制、区域环境多元监督体系需要收集大量的监测数据，因此需要建立数据共享机制，使不同国家和机构之间可以共享数据。同时，需要制定数据安全和隐私保护政策，确保数据的安全性与合法性。

第四，需要建立区域内的监督机制，建立监督机制是建立区域环境多元监督体系的重要组成部分。需要建立专门的监督机构和专业团队，负责监督数据的采集、处理和分析，及时发现问题和隐患，并提出相应的改进措施。

第五，需要加强公众参与和宣传教育，加强公众参与和宣传教育是建立区域环境多元监督体系的重要保障。需要通过各种渠道向公众宣传环境保护的意识和知识，同时鼓励公众积极参与环境监督，及时发现并举报环境违法行为。这样可以促进区域内社会各界的共同参与，形成强大的环保合力，推动区域环境保护事业不断发展。非政府组织作为区域环境治理的重要主体，其职能决定了其在区域环境治理过程中应起到监督和宣传的作用，利用社会影响力对区域环境治理进行监督。

7.5 社会参与机制的运行

面对区域环境污染问题，提高社会公众参与区域环境治理的能力，是建立健全东北亚区域生态环境治理机制的重要组成部分，是事关区域可持续、区域内国家经济社会发展的重大问题，需要主权国家之外的各主体广泛参与。

7.5.1 区域内企业界的自觉参与

《世界自然宪章》第 20 条规定：各国和有能力的其他公共机构、国际组织、个人、团体和公司，都应采取相应的措施来保护大自然。企业是市场主体，是社会的重要成员。1999 年联合国提出了企业界"全球契约"计划，直接鼓励和促进"企业生产守则运动"的推行，该契约要求企业重视环境保护，以克服全球化进程带来的负面影响（周国银、张少标，2002）。

在区域环境治理过程中，企业应积极参与到区域环境治理的对话和协商中，为企业发展赢得好的社会声誉，以实现企业的可持续发展。首先，企业应积极披露企业环境信息。企业环境信息披露以自愿披露为主、强制性披露为辅的原则。环境信息披露主要包括温室气体排放量、工业"三废"的排放量等。其次，企业应加强易污染物的防护。区域内国家都有关于化学、石油、燃料等重工业企业，一旦企业发生环境事故，就会对区域乃至全球环境产生巨大影响，企业应对可能发生的环境事故进行预测并采取有效的预防措施，以减少环境负担。最后，企业应加强环保技术创新。企业应加大对环保技术的资金投入，开展技术创新，加大清洁生产的推行，减少污染物的排放。

7.5.2 区域内非政府组织的参与

与国际环境有关的非政府组织在发动群众支持、环境政策的实施与监督、国际援助以及提供信息和专业知识方面发挥着重要的作用。在欧洲国家，非政府组织举行各种宣传活动，通过气候领域的研究和游说，对国家的环境政策和立法产生了巨大的影响。在东北亚区域环境治理中，非政府组织在提高环境意识及组织公民环境抗议行动上发挥了重要的作用（薛晓芃，2014）。首先，要强化非政府组织的参与意识。非政府组织的成员是社会公众，若要强化非政府组织的参与意识，离不开强化公众的环境意识和参与意识，以及培养公众对环境治理的监督意识。其次，要健全非政府组织的制度环境，通过沟通协商统一区域内环境非政府组织的登记注册标准，统一完善非政府组织的管理条例，最终以完善非政府组织法律体系为目标。东北亚区域环境非政府组织应更积极地参与到环境治理中，发挥其应有的作用。

7.5.3 区域内各国公众的参与

环境危机迫使公众环境意识的产生和觉醒。当环境污染逐渐影响公众的生活时，就不再需要社会动员，公众就能积极自发地采取环境保护行动。首先，提高公众的环保意识，把环境保护纳入各国国民教育体系，使环境保护的宣传和环保产品的使用普及到学校、社区、家庭。其次，自觉履行环境保护政策。环境保护从每个人、每个家庭做起，积极响应国家相关政策，开展垃圾分类，践行绿色生活方式。最后，强化环境污染监督。居民一般会长期生活在一个地方，对当地环境问题最为关心，对生态环境的好坏最了解，因此强化公众的参与能够对环境标准和环境法规的实施起到监督作用。

7.6 本章小结

本章阐述了区域生态环境治理机制的运行应以更新治理理念为前提，以创新环境政策、构建治理机制为核心，以完善区域法律、设置合作机构为保障。研究认为，实践中，沟通协调机制的运行需要建立负责沟通协调的秘书处，定期召开区域环境治理的国际会议，加强与其他相关机构的对接；协同管理机制的运行需要在区域内设立环境协同治理的组织机构，在突发跨界环境事件时加强应急协作，对于环境利益受损的主体实行利益补偿；监督约束机制的运行需要建立区域环境监测预警平台、信息共享平台，以及多元监督体系；社会参与机制的运行则需提高企业、非政府组织和公众参与区域环境治理的意识与能力。

❽
东北亚区域环境治理机制保障措施

8.1 区域环境治理的制度保障

8.1.1 签署东北亚区域环境协同治理协定

有关环境治理的国际协定是两个到多个国家针对区域性环境污染达成的环境合作共识。这种共识可以是基于单一的环境污染问题，也可以是为了解决具有多重复杂性的环境问题。

两个国家的双边环境协定常用于解决小区域跨界污染问题，如《中华人民共和国政府和俄罗斯联邦政府关于合理利用和保护跨界水的协定》。中俄之间有长达4300余千米的边界线，两国共同拥有兴凯湖等一系列跨界水域，为保护中俄间跨界水体，国际协定的达成至关重要。国际协定同样可用来规范区域性的环境治理，但多个国家区域环境协定的签署需要区域内组织机构的协调，在签订协议前往往要先进行初步合作交流和会议探讨。在东北亚区域环境共同体认知的基础上进行协定的签署，可以提高国际合作的成功率。签署东北亚区域环境协同治理协定有助于东北亚区域环境治理目标的实现。

8.1.2 构建东北亚区域环境治理制度保障体系

基于东北亚区域内地缘形势、经济发展及环境问题的复杂性，需要通过设立组织结构来实现区域环境的治理。合作机构是支持区域各国进行环境治理的职能部门，是整合区域生态环境资源、提供专项保护资金、促进环保技术升级、培育专业环保人才、集中力量攻克区域重点生态环境问题的保障。

体制创新是建立完备的环境执法监督体系的重要保障，基础是确立环境执法监督的法律地位，核心是完善环境执法监督职能，目标是逐步实现东北亚地区联合环境执法监督体系的综合、完整、统一。未来在东北亚区域，要建立规范权威的环境执法监督机构，统一管理区域环境执法监督工作。此外，把相关地区的政府和有关部门执行环保法律、履行环保职责的情况纳入执法监督范围，不断拓展环境执法监督领域，进而实现统一监督管理。建设完备的环境执法监督体系，有利于实现环境与发展综合决策，使环境容量成为东北亚区域布局的重要依据，使环境管理成为结构调整的重要手段，使环境标准成为市场准入的重要条件，使环境成本成为价格形成机制的重要因素，这样可以在完成环保目标的同时，有力地促进产业结构优化升级，推进经济增长方式转变，努力缓解经济结构不合理、增长方式粗放、资源环境对经济发展的"瓶颈"制约等难题，逐步形成"经济反哺环境，环境优化经济"的良性关系，推动区域经济发展与环境保护相协调，真正实现又好又快发展。

8.1.3 完善东北亚区域环境利益平衡机制

关于区域生态环境治理机制，确保各治理主体环境利益之间的平衡及确定相关的环境制度是其有效运行的核心问题。由于东北亚区域内各个国家的环境利益要素不同，各国政府在制定环境发展规划和产业发展目标时很难整齐划一。因此，要想协调合作主体的环境利益、减少利益冲突，必须积极探索合作制度的创新，以环境利益协调机制为建设重点，组建权威性机构，加快法律保障性体系的构建和完善，为跨行政区域环境合作提供支持。首先，应从区域环境公共利益最大化的视角出发，构建以利益共享和利益补偿为主要内容的新型环境利益合作及协调机制，引导和激励各合作主体环境治理行为输出的协调统一，这也是区域低碳环境合作制度设计最核心的议题（王芳，2014）。区域环境合作组织对区域内部的产业结构要依照合作的需求进行升级和调整，从根源上将合作主体环境利益的冲突缓和。同时，还可以设立大气污染的补偿机制，确立对应的资金支付制度，获得环境利益的一方要给予受损方一定的利益补偿，以利益补偿的方式平衡各合作主体的环境需求。这种共享机制可以减少环境利益的地方保护，激发各方参与低碳环境区域合作的动力，进而实现区域内部经济发展和环保工作的一并发展。其次，区域合作内部的环境利益协调还必须有完整的法律法规为其提供支撑。各个国家层面的法律要做出更为具体和明晰的规定，即在以后的环保法修订过程中注重对环境利益协调的规则制定，为地方环境利益平衡机制的建设提出指引。要探索制定环境跨区域合作的法律法规。明确环境区域治理协调机构的地位，确立其参加各合作主体环境政策的制定及综合的跨区域环境问题监察权力，保证其在合作组织内部享有环境执法权。此外，在法律法规的制定过程中，还要对合作主体的权利、义务及责任作出明确、具有现实操作性的规定，通过法律的约束性和强制性，推动环境区域合作向法制化的方向前进。

8.2 区域环境治理的资金保障

8.2.1 逐步建立多元化资金来源渠道

维持区域环境治理机制正常运行需要稳定的资金来源，以联合国环境规划署为例，其资金来源主要分为两部分：一是联合国常规预算的财政分配，用于满足理事会和秘书处等主要机构的日常工作开支。二是由不受限制的成员国自愿捐款构成的环境基金，用于支付联合国环境规划署从事环境活动所需的全部经费，以及与其他联合国机构、非政府组织等进行合作的费用，但仍存在严重的资金不足问题（檀跃宇，2011）。在欧洲，执行欧盟的环境计划拥有十分稳定的财政支持；东盟虽未负责执行环境合作计划和项目费用，但也努力寻求吸引和协调外部援助。在东北亚区域，现有环境治理机制基本都存在资金短缺的问题，参考联合国环境规划署及其他环境治理机构的资金来源，东北亚区域环境治理机制的运行也需要有稳定的资金保障，其来源可以是各国家共同出资、企业的捐款、国际组织的支持等。

主权国家作为机制的主导性主体、治理规则的制定者，同时也是机制的执行者，对机制的正常运行负有不可推卸的责任，主权国家可以根据谈判、协商等方式确定区域内各国的出资比例或出资金额。跨国公司作为企业的代表可以为区域环境治理提供资金支持。另外，可以寻求国际组织的投资，如亚洲开发银行，其成立宗旨就是通过贷款、赠款、技术援助、政策对话及股权投资等形式促进亚洲与太平洋地区的减贫。东北亚区域环境治理多元化的资金来源是其机制有效运行的重要保障。

8.2.2　设立旨在改善生态环境的专项基金

由于环境是公共产品，一般主要由各国政府出资进行治理，而随着环境问题的日益严重，政府投入环境治理中的费用也呈上升趋势。东北亚区域内环境问题呈现越发严重的趋势，环境治理成本也随之增加，有些问题仅靠一国的力量并不能解决，因此需要多元化的资金来源。关于欧盟的环境治理，由于各成员国之间的经济结构和水平存在极大差异，为了防止成员国之间不平衡发展导致的"合作博弈"，欧盟将"协调和平衡发展"与"经济和社会凝聚"定为政策目标，其含义是为了加固合作，可以通过公平的分配利益和调整资源的配置来减小盟国之间的发展差距（卓凯、殷存毅，2007）。

东北亚区域内各国在经济发展水平、环境治理能力、环保产业发展等方面的发展都存在差异，为了增加区域环境治理的凝聚力，可以设立不同功能的专项基金用于提升欠发达国家的环境治理能力、改善企业环境等，资助一些国家或企业节能环保技术的提高。

8.3　区域环境治理的技术保障

8.3.1　加强环境意识宣传以凝聚共识

环境意识的思想来源于正确认识人与自然的关系，其又推动人与环境关系的发展。环境意识的提高不仅仅是就环境保护而言的，而是把环境保护的意识纳入整个社会的意识形态中去，纳入社会发展的观念中去，从浅层次的环境保护措施、技术对策上升到人与自然关系的正确认知，进而提高到对环境问题的深层次认识水平和法制水平上。

如何实现各个治理主体理念的更新和趋同，事关区域环境合作治理的成败。东北亚各国从政府到民间都应尽快提高人类命运共同体的认识，并增强全球治理理念。只有提高区域内民众的环境意识，才能使其产生相应的环境危机意识和保护环境的责任感，进而对环境保护行为产生相应的驱动作用。因此，应通过报纸、电视、网络等媒体平台加强环境意识的宣传，提高社会公众的环境意识，使其在环境保护方面产生自觉性，从而推动科学发展，促进区域内人与自然的和谐。

8.3.2　培育专业人才以实现长远发展

环境治理及环保产业的发展都离不开大量精通环境领域污染防治及其技术的专业人才，随着环境问题的日益突出，对于专业人才的需求也在增加。为解决区域环境问题，需要储备大量具有国际视野和高尖端的专业人才，既能解决一国内部环境问题，又能参与解决区域性环境问题。因此，需要加强区域人才培养方面的合作，通过建设人才培养计划，扩大区域内相关专业的人才交流，组织企业人员参加相关培训，互派留学生进行专业进修等方式，加强人才的交流与培养，以应对人才短缺。人才培育应从青少年开始，可以定期举办区域内青少年交流活动，带动青少年团体广泛参与，从青少年开始培养环境意识和区域环境保护的责任感，为专业人才及复合型国际人才培育奠定基础。

8.3.3　发挥高端智库作用以引领方向

智库是国家思想创新的源泉，在世界各国的经济社会发展中，智库都发挥了重要的作用。智库是专门从事开发性研究的咨询研究机构，聚集了大量各学科的专家学者、政府或国际组织的高级官员，它们具有大量的专业积累、丰富的政治外交和经济社会发展政策经验，具有较强的影响力。

国际环境与发展学会是专注于生态环境问题的智库，在国际上具有较大的影响力，该智库通过合作研究、政策研究、网络和知识传播等方式探索世界可持续发展模式。另外，其他一些智库也同样关注环境领域的发展和环境问题的解决。东北亚区域环境问题的解决需要借助智库的力量，要加强与相关智库的沟通与交流，定期举办与环境问题相关的学术研讨会，委托智库对需要解决的问题进行实地调研，并形成调研报告，以促进区域环境问题的解决，实现区域的可持续发展。

8.3.4　促进环保技术发展以提供支持

科学技术与人类的生产生活密切相关，是推动社会物质文明进步的动力之一，也是社会变革的重要力量。科学技术在人类社会生活中起到的作用是多方面的。随着科技的发展，环保技术水平也在不断提高，环境问题的解决离不开环保技术的发展。在经济高速发展的过程中，一些国家注重经济的发展而忽视环保问题，同时企业注重利益最大化，这就导致了环境污染的产生。以日本为例，20世纪随着日本经济的高速发展，日本出现了骨痛病、熊本县水俣病、新潟水俣病和四日市哮喘四大公害病，在此之后国家就开始提高国民对环境问题的重视。日本重视与环境保护有关的科学技术，在加强环保技术自主研发的同时也着重引进国外先进技术，以创造新技术和实现产业生态化为目标的独特技术政策，使日本在短时间内掌握了很多低成本、高效益的新型污染治理技术，创造了节约能源和资源的全新清洁生产工艺，形成了一批具有国际竞争力的环保装备供应企业。类似地，东北亚区域也应注重环保技术发展，从技术方面为区域环境治理提供有力保障，同时区域内各国积极开展环保技术交流，以共同促进区域环境的改善。

8.4　本章小结

　　本章提出东北亚区域环境协同治理机制需要制度、资金、技术三个方面的保障。具体而言，东北亚区域环境治理制度保障包括签署东北亚区域环境协同治理协定、构建东北亚区域环境治理制度保障体系、完善东北亚区域环境利益平衡机制；区域环境治理的资金保障包括逐步建立多元化资金来源渠道、设立旨在改善生态环境的专项基金；区域环境治理技术保障包括加强环境意识宣传、培育专业人才、发挥高端智库作用、促进环保技术发展以提供支持。

附　录

附录Ⅰ　国际气候大会的历程

　　天气、气候是人类赖以生存的自然环境和自然资源的重要组成部分。无论世界的经济、政治、社会、科技发生怎样的改变，人类也不可能脱离地球而生存。空气质量与我们的身体健康息息相关，如果在烟雾弥漫、气味恶劣的环境中生活，如何谈得上身体健康？大气中有害物质越多，对人类健康的威胁就越大。科学研究发现，空气污染与呼吸道疾病、神经系统失调、心血管疾病、空气传播疾病、癌症特别是肺癌等有非常直接的关系。保护我们的环境是人类在发展中必须解决的问题。当前世界各国面临着空气质量下降和全球气候变暖的共同挑战，应该说造成空气污染的原因是多方面的，但其中主要的原因就是人类生产生活对自然环境的破坏和向大气无节制地排放污染物。工矿企业粉尘排放、汽车尾气排放、煤和石油等化石能源燃烧、垃圾和其他废弃物燃烧或发酵、危险化学品泄漏、不符合环保标准的建筑材料中有害物质的释放等都是大气污染的源头。大气污染给人类也带来了严重损失，据世界卫生组织估计，每年约有200万人因空气污染而过早死亡。在1952年12月，英国伦敦出现了持续四天之久的大雾天气。酿成伦敦烟雾事件的主要原因是冬季取暖燃煤和工业排放的烟雾在逆温层天气下的不断积累发酵，形成了高危污染层，空气中二氧化硫浓度为平时的 7 倍，颗粒污染物浓度为平时的 9 倍，许多人感到呼吸困难，眼睛刺疼，流泪不止。几天内就夺走了 4700 多人的生命，之后的两个月中又有 8000 多人相继死亡。这就是历史上骇人听闻的伦敦烟雾事件。此外，1930 年 12 月的比利时马斯河谷烟雾事件、1948 年美国多诺拉烟雾事件、1959 年墨西哥的波萨里卡事件、1955~1964 年日本四日市哮喘事件，都是由于工业排放烟雾造成的大气污染公害事件。一系列极端大气污染事件对人类敲响了环境保护的警钟，人类开始思考如何共同行动以避免环境污染的公害。越界污染特别是大范围的类似于大气环境的污染，要想得到有效的治理，就必须让有关国家联合起来共同遵守相应的契约，遏制污染扩散所带来的负面效应。全球气候治理分为四个阶段。

第一，《联合国气候变化框架公约》的达成和生效阶段（1992~1996 年）。

早在 1898 年，瑞典科学家斯万就警告世人：二氧化碳排放有可能导致全球变暖。然而人类并没有及时对二氧化碳排放进行关注，直到 20 世纪中后期发生的一系列由工业污染排放所导致的严重烟雾污染事件，才使人类开始重视温室气体排放问题。联合国环境规划署与世界气象组织于 1988 年成立了联合国政府间气候变化委员会（IPCC）。1990 年，虽然 IPCC 在多次召开的一系列有关气候变化的政府间会议的基础上，正式召开了第二次世界气候大会。在这次大会上，呼吁建议一个气候变化框架条约，经过各参与国艰苦的谈判，确立了国际减排的一些原则。IPCC 并没有制定任何国际减排的目标，但为以后气候变化公约的制定奠定了基础。1990 年 12 月，联合国常委会批准了气候变化公约的谈判，并成立了政府间谈判委员会，在多次会议谈判的基础上，形成了《联合国气候变化框架公约》，之后于 1992 年 5 月在纽约联合国总部通过。1992 年 6 月在巴西里约热内卢举行了联合国环境与发展大会，参加谈判的世界各国政府首脑以开放签字的形式签署《联合国气候变化框架公约》。该公约于 1994 年 3 月 21 日开始正式生效，成为国际气候治理的重要法律制度基础。《联合国气候变化框架公约》

是世界上的一个为全面控制二氧化碳等温室气体排放，以应对全球变暖给人类可持续发展带来不利影响的国际公约。《联合国气候变化框架公约》是国际社会在对付全球气候变化问题上进行国际合作的一个基本框架，其目标是减少温室气体排放，减少人为活动对气候系统的危害，减缓气候变化，增强生态系统对气候变化的适应性，确保粮食生产和经济可持续发展。公约规定发达国家为缔约方，应采取措施限制温室气体排放，同时要向发展中国家提供新的额外资金以支付发展中国家履行公约所需增加的费用，并采取一切可行的措施促进和方便有关技术转让的进行。为保障公约目标的实现，公约确立了五个基本原则：第一，共同而区别的原则，要求发达国家率先采取措施应对气候变化；第二，要考虑发展中国家的具体需要和国情；第三，各缔约方应当采取必要措施，预测、防止和减少引起气候变化的因素及其变化；第四，尊重各缔约方的可持续发展权；第五，应对气候变化的措施不能成为国际贸易的壁垒。

《联合国气候变化框架公约》明确规定了发达国家和发展中国家之间负有"共同但有区别的责任"，即发达国家应承担更多减排义务，而发展中国家的首要任务是发展经济、消除贫困。该公约的签署为人类在气候变化上的行动和努力提供了纲领。

第二，《京都议定书》的达成、生效和弱化阶段（1997~2006 年）。

为推动和落实《联合国气候变化框架公约》目标的实现，应对温室气体排放和全球变暖带给人类的挑战，1997 年 12 月《联合国气候变化框架国际公约》第三次缔约大会在日本京都召开，大会通过了《京都议定书》，又名《京都协议书》或《京都条约》，《京都议定书》是《联合国气候变化框架公约》的补充条款。《京都议定书》规定了各签署国二氧化碳排放量的标准，即第一承诺期的排放标准：2008~2012 年全球主要工业国家的工业二氧化碳排放量与 1990 年相比，平均降低 5.2%。在 1998 年 3 月 16 日至 1999 年 3 月 15 日《京都议定书》实行开放签字，共有 84 个国家签署。《京都议定书》需要获得占全球温室气体排放量 55% 以上的至少 55 个国家的批准，才能成为具有法律约束力的国际公约。中国于 1998 年 5 月签署并于 2002 年 8 月核准了该议定书。2002 年 12 月 17 日，加拿大签署了《京都议定书》。欧盟及其成员国于 2002 年 5 月 31 日正式批准了《京都议定书》。2004 年 11 月 5 日，俄罗斯正式在《京都议定书》上签字，使其正式成为俄罗斯的法律文本。《京都议定书》于 2005 年 2 月 16 日开始正式生效。到 2005 年 8 月，签署《京都议定书》的国家和地区达 142 个，批准该条约的国家和地区人口占全世界总人口的 80%。到 2009 年 2 月，签署国家和地区达 183 个。2012 年 12 月 8 日，在卡塔尔召开的第 18 届联合国气候变化大会上，本应于 2012 年到期的《京都议定书》被同意延长至 2020 年，也就是自 2013 年始进入《京都议定书》的第二个承诺期。

《京都议定书》自诞生之日起，就受到了一些国家和民众的质疑，一些人认为减少碳排放势必会导致世界贫困人口数量的增加。还有人甚至认为全球变暖和《京都议定书》是政治阴谋论的产物，他们认为一些国家以"防止全球变暖"为名义，开征各种税收，加重民众负担，毕竟许多产品的生产都与碳排放有关，对碳排放进行征税最终会加重民众的税收负担。美国虽然是《京都议定书》的参与国之一，但是其既不签署该条约也不从条约中退出，而条约只有得到美国国会的批准才会对美国有效。美国第 44 任总统奥巴马上任之初，国际社会对美国加入《京都议定书》曾寄予厚望，然而直到现在，这个世界二氧化碳排放量最大的经济发达国家仍未加入《京都议定书》，并始终回避减排义务。除美国以外，其他已经加入《京都议定书》的部分国家也出于对本国经济增长影响的忧虑而相继宣布退出。2011 年 12 月，加拿大环境部部长肯特宣布，加拿大将正式退出《京都议定书》；同年 12 月，俄罗斯宣布将于 2013 年起退出《京都议定书》。

虽然《京都议定书》在第一承诺期有关参与各方表现不一，但是它毕竟使《联合国气候变化框架公约》得到了一定的履行，特别是欧盟及其成员国较为积极地履行减排的承诺，并一直致力于说服那些立场摇摆的国家加入《京都议定书》。欧盟于 2002 年 5 月 31 日签署了《京都议定书》，欧盟原有排放量约占全球排放量的 21%，按照条约规定，在第一承诺期，其排放量要比 1990 年减少 8%。为较好地完成《京都议定书》减排的承诺，欧盟率先在 2002 年 12 月建立了排放交易系统，帮助那些难以达标的国家最终达标。2005 年 2 月 16 日《京都议定书》正式生效，但美国在 2001 年提出拒绝批准《京都议定书》，又使全球气候治理进入低潮期。

第三，"巴厘岛路线图"阶段（2007~2014 年）。

2007 年，在印度尼西亚巴厘岛召开的《联合国气候变化框架公约》第十三次缔约方会议上达成了"巴厘岛路线图"，在南非德班召开的第十七次缔约方会议形成了德班授权，开启了 2020 年后国际气候制度的谈判进程，并同时讨论如何加大 2020 年前减排行动的力度。2012 年在卡塔尔多哈召开的《联合国气候变化框架公约》第十八次缔约方会议中，包含美国在内的所有缔约方，围绕 2020 年前的减排目标、适应机制、资金机制及技术合作机制达成了共识，并形成了相应的工作组决议文件。2013 年波兰华沙会议上，缔约方规划了通往 2015 年巴黎大会的路线图。

第四，《巴黎协定》阶段（2015 年至今）。

在 2015 年 12 月举行的巴黎气候大会上，196 个缔约方一致通过了应对气候变化的《巴黎协定》，为 2020 年后全球应对气候变化行动奠定了基础。

附录 II   世界气候大会介绍

一、哥本哈根世界气候大会

哥本哈根世界气候大会是《联合国气候变化框架公约》第十五次缔约方会议暨《京都议定书》第五次缔约方大会。会议于 2009 年 12 月 7~18 日在丹麦首都哥本哈根的贝拉会议中心召开。超过 85 个国家元首或政府首脑、192 个国家的环境部部长出席了这次会议，实际参加会议的人数超过了 15000 人，包括非政府组织、企业代表等。本次会议是按照 2007 年在印度尼西亚巴厘岛召开的第十三次缔约方会议通过的"巴厘岛路线图"的规定，2009 年末在哥本哈根召开的第十五次会议将努力通过一份新的《哥本哈根协议》，以代替 2012 年即将到期的《京都议定书》。哥本哈根世界气候大会之所以备受世人关注，是因为如果《哥本哈根协议》在这次大会上不能如愿获得共识并通过，那么将导致《京都议定书》第一承诺期在 2012 年到期以后，全球将没有一个约束温室气体排放的共同文件，即遏制全球温室气体排放和气候变化的努力将遭受重挫。因此，本次会议的中心任务是协商《京都议定书》在 2012 年第一承诺期以后的后续减排方案，就未来应对全球气候变化的行动签署新的协议。这次会议被誉为"拯救人类的最后一次机会"。哥本哈根会议就四个议题进行了讨论：第一，确立减少温室气体排放目标；第二，如何资助发展中国家；第三，决定新协议及《京都议定书》的前途；第四，其他技术性议题，包括森林保护、碳交易与洁净技术转移。

在会议磋商过程中，各主要参与方特别是美国、中国、印度、欧盟等出于各自的利益和立场考虑，在以上四个议题中难以达成一致的意见，还有部分代表认为减排草案明显偏袒发达国家，对发展中国家不利。在会议的最后一天，中国和印度等国家做出让步，同意提高减排行动的透明度。美国、巴西、南非、印度和中国五国首脑最终达成一份不具法律约束力的《哥本哈根协议》。然而，这份声明未能得到与会各方的一致认可。

哥本哈根会议充满着发达国家与发展中国家的利益争执，争执的焦点集中在责任共担上。哥本哈根会议又一次暴露出在环境保护特别是越界环境污染上个体理性与集体理性的冲突是多么难以有效地协调。《哥本哈根协议》并未明确发达国家到 2020 年的中期减排目标和 2050 年的长期减排目标，且对于发展中国家最为关心的资金支持和技术转移的规定又十分模糊，而温室气体排放总量最大的经济发达国家——美国，对于减排所做的承诺和努力仍然令很多国家感觉不到诚意。从这一点来说，《哥本哈根协议》达成的结果是令人失望的。

二、坎昆世界气候大会

2010 年 11 月 29~12 月 10 日在墨西哥海滨城市坎昆举行的坎昆世界气候大会，是《联合国气候变化框架公约》第十六次缔约方会议，同时也是《京都议定书》第六次缔约方会议。由于对会议达成的结果期望较小，本次会议只有 20 多个国家的首脑参加。

坎昆世界气候大会仍然未能打破哥本哈根世界气候大会的僵局，在以下四个方面难以取得实质的进展：一是关于减排目标，发达国家提出的 2020 中期减排目标与发展中国家普遍要求的减排 40% 目标存在非常大的差距；二是关于减排责任的区分，发达国家依然在"四处游离"，试图再次偏离"共同但有区别的责任"原则，导致整个谈判进程缺乏互信的基础；三是长期资金援助依旧是"一纸空文"，按照《哥本哈根协议》，发达国家要在 2012 年前每年筹措 1000 亿美元的资金承诺，具有极大的不确定性；四是美国仍然对减排持消极态度，无法做出有效的承诺，成为发达国家逃避自身义务的代表。

坎昆会议的主要矛盾还是发达国家与发展中国家对于减排责任的分歧。虽然发展中国家在不断增加减排的责任，但是发达国家主张发展中国家应该和发达国家具有平等的责任。主要发展中国家在不断增加减排的责任，但发达国家一再推卸减排的责任。发达国家是温室气体的主要排放者，在广大发展中国家经济尚未发展起来之时，就开始限制排放增长，会使发展中国家陷入发展和排放的两难境地。这显然也是一种环境资源分配的不公平。

坎昆会议上发达国家普遍自持立场并态度强硬，致使会议在减排上无法达成一致的行动纲领。美国对要求中国和印度等新兴经济体减排承诺的立场毫不退让，声称新兴经济体若不能在减排目标上作出承诺，会议将无法获得进展。日本的表现更是顽固地坚称"永远"不会就《京都议定书》第二阶段减排目标作出承诺。欧盟认为发展中国家也要承担新的责任。中国则主张发达国家和发展中国家应该坚持"共同但有区别的责任"原则，承担各自的责任和义务。正如会前所料，坎昆会议仍未能完成"巴厘岛路线图"谈判。会议最后达成的《坎昆协议》被认为是发展中国家与发达国家相互妥协的产物。坎昆会议的成果主要体现在两个方面：一是坚持了《联合国气候变化框架公约》、《京都议定书》和"巴厘岛路线图"，坚持了"共同但有区别的责任"原则，从而确保了以后的谈判能够继续按照"巴厘岛路线图"确定的双轨方式进行；二是就发展中国家所关心的诸如技术转让、资金和能力建设等问题进行谈判，并取得了一定的进展，谈判向国际社会发出了比较积极的信号。时任联合国秘书长潘基文认为，坎昆气候大会取得了"世界急需的巨大成功"，"各国政府为了共同的事业和共同的利益走到了一起，并就进一步应对我们当今面临的巨大挑战达成了协议"。

三、德班世界气候大会

2011 年 11 月 28 日至 12 月 11 日，联合国气候变化框架公约第十七次会议在南非东部德班召开，这也是《京都议定书》签字国第七次会议。200 多个国家和地区的首脑和部长级代表参加了这次会议。德班会议主要任务有两个：一是落实坎昆会议的成果，启动"绿色气候基金"，加强应对气候变化的国际合作；二是《京都议定书》第二承诺期的续签问题。很显然，德班会议又是一次艰难的会议。在德班会议上，发达国家关于气体减排的立场迥异。例如，日本反对延长《京都议定书》，希望达成所有主要排放国都参与的公平、具有约束力的新国际框架协议。美国谈判代表甚至表示在德班气候会议上美国不会就《京都议定书》的问题与各方进行磋商，并不看好各方会在对 2020 年前的减排承诺达成具有约束力的协议。而发展中国家和欧盟则对续签《京都议定书》第二期减排承诺表现积极。欧盟表示期待德班会议能够落实《坎昆协议》的成果，启动"绿色气候基金"，并能够达成约束性减排目标。英国表示正在努力推动欧盟把温室气体减排目标无条件地从 20%提高到 30%，为此英国还愿意进一步提高自己的减排目标。德班会议经过各与会国代表艰苦的谈判，于 2011 年 12 月 11 日落下帷幕，大会通过了"一揽子决议"。德班会议决定：实施《京都议定书》第二期承诺并启动"绿色气候基金"，建立管理框架，每年提供 1000 亿美元协助贫穷国家适应气候变迁。德国和丹麦分别注资 4000 万欧元和 1500 万欧元作为"绿色气候基金"运营经费和首笔资助资金。

四、多哈世界气候大会

《联合国气候变化框架公约》第十八次缔约方会议暨《京都议定书》第八次缔约方会议于 2012 年 11 月 26～12 月 7 日在卡塔尔多哈举行。来自全球 194 个国家和地区的代表参加了这次会议，出席会议的人数达到了 17000 人。多哈会议与前几次会议一样，同样引起世人的关注。这次会议是在《京都议定书》第一承诺期即将结束，讨论 2020 年后应对气候变化措施的"德班平台"开启的关键时间节点召开的，对国际社会能否继续合作履行《京都议定书》第二承诺期的减排责任具有承前启后的作用。在谈判过程中，主要谈判国家特别是西方发达国家在第二承诺期的期限、减排目标、气候资金、技术转让机制等方面存在意见分歧。并非缔约方的美国只承诺减排4%，澳大利亚承诺减排0.5%。而加拿大、日本、俄罗斯、新西兰等国明确不参加《京都议定书》第二承诺期。关于在第一承诺期冗余排放配额的安排上，多数发达国家希望将冗余排放配额自动转入第二承诺期使用，而发展中国家则予以坚决反对。在绿色技术转让问题上，发达国家则以保护知识产权为借口，对发展中国家设置重重障碍，美国甚至明确说明技术转让在会上不用再谈。在建立"绿色气候基金"方面，发达国家也诚意不足。中国作为一个发展中的大国，在会议上则积极斡旋，以务实的态度，特别是与印度、巴西、南非等国家呼吁国际社会为应对全球气候变化应加强合作，坚持"共同但有区别的责任"原则，发达国家应首先承担减排的义务，在资金、技术等方面应该对发展中国家提供帮助。经过前后12天多轮磋商和谈判，多哈会议达成了"一揽子协议"，主要成果包括：就《京都议定书》第二承诺期达成了一致。第二承诺期历时八年，期限为2013~2020年，发达国家在2020年前要继续大幅度减排。此外，多哈会议还通过了有关长期气候资金、《联合国气候变化框架公约》长期合作工作组成果、德班平台及损失损害补偿机制等方面的多项决议。在建立中期和长期气候基金方面，会议要求发达国家在2020年前要在快速启动资金之后继续增加资金，到2020年达到每年1000亿美元的规模，以帮助发展中国家应对气候变化。多哈会议在应对全球气候变化统一行动方面是一次承前启后的会议。由于参会的近200个国家和地区经济发展水平参差不齐，应对气候变化的迫切性不同，利益诉求大相径庭，大会通过的"一揽子协议"是发达国家与发展中国家相互妥协的结果，因此在减排目标、资金及技术等一系列问题上难免留下很多令人遗憾之处，多哈会议并没有形成一个有法律约束力的文本。从1992年6月在巴西签署的第一份公约开始，人类为共同应对气候变化已经进行了长达二十年的谈判。谈判中的争执不断，气候大会始终在希望与坎坷中前行。虽然巴厘岛没有"浪漫"，哥本哈根也没有出现"童话"，多哈也没有再现"奇迹"，但是人类只有一个地球，每个人都不能置身于地球环境之外，因而人类在保护环境、减少排放方面有共同的利益。发达国家与发展中国家一定可以基于这个共同的利益，为环境的清洁而走向进一步的合作。

五、华沙世界气候大会

2013 年，联合国气候变化大会华沙会议，全称《联合国气候变化框架公约》第十九次缔约方会议暨《京都议定书》第九次缔约方会议，11 月 11 日在波兰首都华沙召开，11 月 23 日晚在华沙落幕，会期比原计划拖延了一整天。经过长达两周的艰难谈判和激烈讨论，特别是会议结束前最后 48 小时，各国代表"挑灯夜战"，最终就德班平台决议、气候资金和损失损害补偿机制等焦点议题签署了协议。

尽管这次大会只是一次过渡会议，但由于这是"巴厘岛路线图"谈判结束后的第一次缔约方会议，也是德班平台密集开展谈判的第一次缔约方会议，因此这次大会应该是一次落实和启动的会议，即采取切实行动落实"巴厘岛路线图"谈判成果，推动各方尽快批准《京都议定书》第二承诺期修正案，同时开启德班平台实质性谈判，为 2015 年新协议的签署奠定基础。然而，在本次大会高级别谈判一开始，日本、澳大利亚等国的部长级代表即抛出立场严重倒退的观点，引发广大发展中国家的强烈不满，致使高级别谈判从一开始便陷入僵局。日本代表公布的修正后减排目标不降反升，竟然比其 1990 年的排放水平高出 3.1%。此举不仅是从《京都议定书》的倒退，更是《联合国气候变化框架公约》义务履行的倒退，给本次大会泼了一盆冷水。至于澳大利亚，不但拒绝在本次大会上做出履行出资义务的新承诺，还声称"要求发达国家作新的出资承诺不现实、不可接受"。加拿大政府则借口无力支付违反《京都议定书》减排目标的罚款而退出。而美国方面，则停止了气候变化立法，国会依然处于分裂状态并限制美国政府的气候变化政策。当时，众议院由共和党掌控，参议院虽由民主党掌控但共和党仍有较大影响力，多数共和党人仍坚持认为，应对气候变化的相关行动将会损害美国经济的竞争力。对此，不仅发展中国家表示十分失望，一直活跃在大会会场的多家非政府组织代表也宣布集体退场，以示抗议。欧盟委员会表示，预计将在2013年底公布2030年能源和环境的目标，包括一个40%的减排目标和30%的可再生能源目标，逐步实现2020年将可再生能源使用比例增加到20%的目标。2011年绿色能源占能源总消耗量的13%，欧洲经济区预测到2020年能实现这一目标。欧盟国家虽然愿意执行《京都议定书》第二承诺期，但是提出要自愿承诺，不接受以往的量化目标。俄罗斯政府一直认为俄罗斯应当从附件一国家的名单中除去，在谈判会议中不时设置障碍，不承担《京都议定书》第二承诺期的责任。俄罗斯尽管在各种场合不是很积极地带头公开反对，但是立场非常明确。俄罗斯是《京都议定书》第二承诺期的坚定反对派。

这次大会上的一个重要分歧，就是关于德班平台。在过去相当长一段时间里，"共同但有区别的责任"原则一直是全球应对气候变化合作的基石。在欧盟的推动下，南非德班气候大会同意设立"德班平台"，推动各国在2015年谈成一个适用于所有国家的新协议。然而，发达国家在新协议里试图颠覆"共同但有区别的责任"原则，成为分歧的焦点。这一分歧在华沙气候大会的最后再次成为焦点。此外，发展中国家的一些合理要求在这次大会上也未能得到满足。发达国家极力推卸历史责任，对于切实兑现承诺减排并向发展中国家提供资金和技术支持缺乏政治意愿，既没提出时间表，也没提出具体数额；对于建立损失损害补偿机制，也只是表示初步同意设立"华沙机制"，但没有实质性承诺。所谓绿色气候基金机制本身仍未真正建立，发达国家也没有提出各自的具体出资数额。因此，快速启动资金和中长期资金只是一个"空壳"而已。

最终，《联合国气候变化框架公约》第十九次缔约方会议暨《京都议定书》第九次缔约方会议于23日在波兰华沙落下帷幕。中国代表团23日发表声明称华沙气候大会取得了两方面成果：其一，华沙会议重申了落实"巴厘岛路线图"成果对于提高2020年前行动力度的重要性，敦促发达国家进一步加大2020年前的减排力度，加强对发展中国家的资金和技术支持。同时，围绕资金、损失和损害问题达成了一系列机制安排，为推动绿色气候基金注资和运转奠定了基础。其二，华沙会议就进一步推动德班平台达成决定，既重申了德班平台谈判在公约下进行，以公约原则为指导的基本共识，为下一步德班平台谈判沿着加强公约实施的正确方向不断前行奠定了政治基础，又要求各方抓紧在减缓、适应、资金、技术等方面进一步细化未来协议要素，邀请各方开展关于 2020 年后强化行动的国内准备工作，向国际社会发出了确保德班平台谈判于 2015 年达成协议的积极信号。

六、利马世界气候大会

利马气候大会是《联合国气候变化框架公约》第二十次缔约方会议暨《京都议定书》第十次缔约方会议，2014 年 12 月 1 日在利马开幕，共有 190 多个国家和地区的官员、专家学者和非政府组织代表参加，北京时间 2014 年 12 月 14 日，经过 30 多个小时的延期，大会终于在秘鲁首都利马宣告闭幕。此次大会的主要目标之一是为预计 2015 年底达成的新协议确定若干要素，这些要素涉及减缓和适应气候变化、资金支持、技术转让、能力建设等方面。大会分为两个阶段：第一阶段由各国谈判代表进行磋商，第二阶段是各国部长级谈判代表参与的高级别会议。会议取得三个主要成果：一是产生了一份巴黎协议草案，为各方 2015 年进一步起草并提出协议草案奠定了坚实基础。二是进一步细化了 2015 年协议的要素，初步明确了各方 2020 年后应对气候变化国家自主决定贡献所涉及的信息，为各方于 2015 年巴黎会议前尽早提出各自 2020 年后应对气候变化行动的目标提供了参考依据。三是会议将气候变化适应提高到更显著的位置，国家可自愿把适应纳入气候行动目标中。尽管利马会议取得了一些进展，但是围绕气候谈判主要议题的实质性争议并未得到解决。首先，2020 年前发达国家应履行的资金及减排承诺问题。以"绿色气候基金"为例，虽然经过各方的共同努力，会议期间"绿色气候基金"的注资额度已达 102 亿美元，但是这距离哥本哈根大会提出到 2020 年 1000 亿美元的额度依然相去甚远，且并没有具体确定如何在 2020 年前达到这一目标的路线图。此外，发达国家落实《京都议定书》第二承诺期减排指标的进展仍然有限，2020 年前行动力度仍有待加大。其次，关于 2020 年后各国应对气候变化行动目标问题，主要是对 2015 年上半年各国需要提交的国家自主决定贡献目标所包含的元素有分歧。中国等发展中国家希望其中包括减缓、适应、资金、技术、能力建设、透明度等要素，美国、欧盟等则在承诺为发展中国家提供援助方面模棱两可。最后，"共同但有区别的责任"原则方面，发达国家忽略其之前大量排放的历史责任，要求发展中国家承担更多的减排责任，无视发展中国家还处于自身经济发展阶段的事实。

七、巴黎世界气候大会

2015 年 11 月 30~12 月 11 日，《联合国气候变化框架公约》第二十一次缔约方会议（世界气候大会）于巴黎举行。巴黎气候大会是自 1997 年《京都议定书》达成以后最重要的气候谈判大会，在德班平台的基础上达成各国应对全球变暖的行动计划——《巴黎协定》及相关决定，意味着气候治理开启了新阶段。《巴黎协定》提出了长期减排路径，要求全球温室气体排放尽快达峰，认可发展中国家达峰需要更长时间，要求 21 世纪下半叶实现全球碳中和。《巴黎协定》还明确了森林保护等增强温室气体汇的措施的重要性，并认可通过国际转让的方式实现国际减排合作。《巴黎协定》一共有 31 页，包括 29 条，分为前言、总体目标、自主贡献、减缓、适应、损失损害、资金、技术、能力建设、透明度、全球盘点、促进实施和遵约、机构和程序法律安排等内容。《巴黎协定》再次强调了《联合国气候变化框架公约》所确定的"公平、共同但有区别的责任和各自能力原则"，并提出了三个目标。《巴黎协定》所设立的三个目标将会促使全球转向更为清洁的能源，对全球减排路线提出了新的要求。每个国家都应该按照协议的要求积极减排，建立各种行政机制和激励工具等。在减缓方面，明确了国家自主减排的方式，2020 年之后，《巴黎协定》的所有缔约方参与应对全球气候变化将主要采取自主贡献模式。《巴黎协定》不仅确立了有区别的减排模式，还明确了森林保护等增强温室气体的汇，要促进全球的温室气体排放尽快达到最高值，并在21世纪下半叶实现温室气体排放量和吸收量净零的碳中和。在适应和气候变化造成的损失损害方面，提出了三大全球适应目标，首先要提高气候变化适应能力，其次要加强抗御力，最后是减少对气候变化的脆弱性。有关支持事项，《巴黎协定》直接规定了发达国家缔约方对发展中国家缔约方的帮助义务。有关透明度事项，直接要求各缔约国对本国自主贡献定期通报，国家自主贡献的实施过程将按照《巴黎协定》所建立的规则进行报告和审评。"共同但有区别的责任"原则在协议中得到充分体现，发达国家缔约方，一方面需要加强带头减排领导作用，另一方面还需加强对发展中国家缔约方的相关资金、技术和能力建设支持，努力帮助发展中国家缔约方适应气候变化。协议明确规定，以五年为期，在全球范围内进行总体盘点，以此来加强合作、加大互助力度，进一步实现应对全球气候变化的长期目标。

协议的亮点是："国家自主贡献"模式，"公平、共同但有区别的责任和各自能力原则"，资金援助机制。

1. "国家自主贡献"模式

有关国家自主贡献的中心问题，发达国家认为，国家自主贡献就是要求各国自主减缓，要以"减缓"为重心，相关的其他要素暂不讨论，可在事后予以通盘考虑。而发展中国家认为，国家自主贡献所包含的问题不只是"减缓"问题这么简单，同时还涉及资金、技术和能力建设等问题，最重要的是要将国家自主贡献中的减缓和发达国家的支持联系起来。这也成为双方各不相让的焦点问题。在减缓方面，所明确的国家自主减排方式是"自主贡献"模式。《巴黎协定》以法律文本的形式，正式确立了"自主贡献+审评"的全球应对气候变化共同合作模式。这种模式的内容包括各缔约国定期准备、提交和实施国家自主贡献；按照《巴黎协定》下的透明度规则定期报告实施情况，并接受专家审评和参与促进性的多边讨论进程；每五年还将通过全球盘点对全球各国总的实施进展进行评估，评估的结果将为各国更新或强化行动提供参考。这是一种全新的模式，此前的气候谈判往往是"自上而下"的，而"国家自主贡献"则是一种"自下而上"的模式。各缔约国需要在国内积极采取减缓措施，以实现新模式下的目标。各缔约国的国家自主贡献减排值根据各缔约国的国情将有所区分，同时将以此为基础逐年进行递增，尽最大的努力，在最大的限度上反映"共同但有区别的责任"原则。

2. 公平、共同但有区别的责任和各自能力原则

《巴黎协定》对各方所共同接受的"共区原则"深入解读，与时俱进，更加符合可持续发展要求。《联合国气候变化框架公约》和《京都议定书》从历史责任和各自能力两个方面解读"共区原则"，《巴黎协定》中演变为三个方面——"历史责任+各自能力+不同国情"。在"共区原则"的指导下，一种"自下而上"的以国家自主贡献进行减排许诺的新模式应运而生。在《京都议定书》的背景下，经过第一和第二承诺期后，所有国家的减排义务在2020年将回到同一起点，也就是"共区原则"在2020年即不再发挥作用。但联系实际会发现，即使到了2020年，发达国家和发展中国家对减排义务的历史责任仍是不会等同的，有些发展中国家在2020年时可能已经发展得很好了，但依然会有一些不发达的国家处于工业化起步阶段。经过深入解读之后，"自下而上"的国家自主贡献模式模糊了发达国家和发展中国家的不对称承诺规则，既体现了"共同责任"，也体现了"区别责任"。在提出方式上，减缓目标与减缓行动的提出以"国家自主"为依据，这就改变了基于公约传统的发达国家和发展中国家的"二分法"，也可以说共同的目标和更加多元化的国别使"共区原则"更加明确。

3. 资金援助机制

《巴黎协定》中对有关资金的提供、接受、来源和去向相关问题做出了新的规定。"发达国家缔约方应为协助发展中国家缔约方减缓和适应两

方面提供资金资源，以便继续履行在《联合国气候变化框架公约》下的现有义务。鼓励其他缔约方自愿提供或继续提供这种资助。作为全球努力的一部分，发达国家缔约方应继续带头，从各种来源、手段及渠道调动气候资金，同时注意到公共基金通过采取各种行动，包括支持国家驱动战略而发挥的重要作用，并考虑发展中国家缔约方的需要和优先事项。对气候资金的这一调动应当逐步超过先前的努力。"这一条款主要是针对发达国家缔约方，其不仅应当完成相应的出资义务，还需要逐步提高各项责任的标准。对于"提供规模更大的资金资源，应旨在实现适应与减缓之间的平衡，同时考虑国家驱动战略及发展中国家缔约方的优先事项和需要，尤其是那些对气候变化不利影响特别脆弱和受到严重的能力限制的发展中国家缔约方，如最不发达国家、小岛屿发展中国家的优先事项和需要，同时也考虑为适应提供公共资源和基于赠款的资源的需要"。第一，提供资金支持和接受资金支持的对象发生了变化。《巴黎协定》之前提供资金支持的国家是附件二缔约方，《巴黎协定》将范围进一步扩大，以包含所有发达国家缔约方。虽然发展中国家是接受帮助和支持的主要群体，但是鉴于小岛屿发展中国家和最不发达国家所受影响较为显著而对这两类国家提供了特殊照顾。第二，公共资金的地位发生了变化。在《巴黎协定》之前，出资主体一直是公共资金，但《巴黎协定》规定的出资主体增加了私营和其他领域资金。第三，资金及各种支持来源发生了改变。《巴黎协定》之前支持主体仅为发达国家，《巴黎协定》对支持主体进行了扩充，包括了所有缔约方和其他出资方。虽然表述各有不同，但是应对气候变化的新时代，即以发达国家为主导、其他各方共同参与提供支持，已然开始。

关于《巴黎协定》后续的落实，2016年4月22日至2017年4月21日，联合国总部开放《巴黎协定》供各缔约方签署。且满足《巴黎协定》的生效要求，即超过55个国家批准、接受、核准或加入《巴黎协定》并达到一定的排放量份额，就将产生法律约束力。有关谈判结果的法律形式问题，在巴黎气候大会之前的德班平台谈判中已经进行了多轮的讨论和交锋。从结果来看，当生效条件达成时，《巴黎协定》将是和《京都议定书》

一样的又一份具有法律约束力的国际气候协议文件。然而，由于《巴黎协定》中并未涵括各方所提出的自主贡献目标，这样一种各方妥协的结果，将会给后续的实践隐藏掣肘因素。首先即为减排力度问题，在《京都议定书》背景下，发达国家并没有率先垂范、低碳引领，那么发展中国家必将走起老路，即高碳工业化。其次是资金问题。虽然一些新兴经济体不会与欠发达国家争抢支持资金，但是即使这样，在高约束力的《京都议定书》背景下发达国家都无法缴足资金，那么在《巴黎协定》背景下资金的筹措将更加困难。最后为法律约束力问题。《京都议定书》由于其强约束力导致一些缔约方的退出，后京都进程既没有走多快也没有走多远，而《巴黎协定》在其法律约束力的背景下，虽不会再有缔约方的退出，可以走得更远，但也正因为其法律约束力的低下，并不能走多快。

八、马拉喀什世界气候大会

2016 年，联合国气候大会于 11 月 7~18 日在摩洛哥马拉喀什举行，大会于 14 日进入第二周高级别谈判阶段，时任联合国秘书长潘基文、60 多个国家领导人、近 200 个国家的部长和谈判代表与会，就落实《巴黎协定》进行深入磋商，大会涌现出不少新亮点、新挑战、新趋势。

1. 新亮点

第一，主要国家纷纷加强行动。2016 年 11 月 14 日，德国通过《2050年气候行动计划》，成为首个通过此类详尽长期减排计划的国家，为欧盟制定 2050 年减排目标提出了更高要求。2016 年 11 月 8 日，经国会众议院、政府内阁会议通过，日本正式完成《巴黎协定》的国内批准程序。近年来日本减排力度受到国内外质疑，由于其未成为协定首批缔约方，只能以观察员身份参加此次大会，其通过协定可谓"亡羊补牢，未为迟也"。时任法国总统奥朗德参加高级别会议开幕式，在致辞中呼吁下届美国政府遵守已做出的承诺，称"面对气候变化，没有一个国家能独善其身"。

第二，气候合作迈上新台阶。一是南南合作凸显重要性。中国、摩洛哥与联合国共同主办"应对气候变化南南合作高级别论坛"，敦促发达国家尽快明确出资时间表和路线图，履行国际义务，中国强调将气候变化南南合作的"朋友圈"做大做强。联合国也已启动"南方气候伙伴关系孵化器"，以发起、促进和支持有助于发展中国家应对气候变化的合作伙伴关系。截至会议召开前，该孵化器已审查了300多个双边、三边和多边合作案例。二是中日韩合作有望推进。11月16日，在"国家自主贡献落实及国家经验交流"边会上，中日韩三国部长首次就共同落实《巴黎协定》和国家自主贡献等议题进行交流，三国部长均认为东亚地区应开展更多实质性交流合作。三是非洲国家加强联合。11月16日，30多位非洲国家政府首脑召开峰会，旨在共同捍卫非洲国家在气候谈判中的利益，敦促大会具体落实资金及技术转让。东道国摩洛哥向非洲国家推广"三A"农业模式，以提高土地生产率。

第三，推进全面参与，彰显绿色发展理念。应对气候变化不只是政府责任，大会召开期间，各国代表团集中展示应对气候变化的成就，企业、非政府组织、媒体、大学等非缔约方全面参与，艺术家也各尽其能进行宣传。为强调女性在使用清洁能源、应对气候变化上的突出作用，大会专门召开女性峰会，时任联合国教科文组织总干事伊琳娜·博科娃、开发计划署署长海伦·克拉克等多位政要与会。来自扬子江汽车集团的几十辆电动环保公交车为大会提供客运服务，令不少与会代表和各国媒体眼前一亮。

2. 新挑战和新趋势

发达国家和发展中国家就"共同但有区别的责任"原则，资金、技术和能力建设援助等议题上的分歧仍旧是气候大会的焦点议题，原计划在高级别会议开幕式上发布的政治性行动声明《马拉喀什号召》，因各方仍存分歧未如期发布。此外，由于当时特朗普赢得美国总统大选带来的不确定性，新挑战和新趋势也在大会上涌现。

第一，美国气候政策走向不明。特朗普在竞选期间便公开表态"气候变化的概念是个阴谋"，扬言当选后促美退出协定，美方代表在大会上对美国未来气候政策纷纷表示"无法预测"。协定现已生效，根据规定，加入国只能在 3 年后提请退出，再等待 1 年后才能正式退出。但如果特朗普铁了心抛弃协定，仍有不少捷径。当然，巨大的国内国际压力也有望促使特朗普意识到气候变化问题的重要性和紧迫性，以及退出协定的高额政治成本，国际社会仍在观望其是否有望"言行不一"。

第二，国际气候合作或发生重组。德国媒体指出，特朗普当选总统后，气候问题上成功的中美联盟面临破裂威胁，作为"影子人物"的欧盟有望走到聚光灯下，填补美国留下的空缺，中欧联手有望成为国际气候保护的新引擎。欧洲议会对华关系代表团团长乔·莱嫩表示，期待中欧在马拉喀什气候大会上积极合作，以推进《巴黎协定》的实施。绿色和平组织相关人士为中欧合作出谋划策，称 2017 年的 G20 峰会是一个机遇，中欧可借此推动合作，将淘汰化石燃料放在议程首要位置。

九、波恩世界气候大会

2017 年 11 月 6 日，《联合国气候变化框架公约》第 23 次缔约方大会在德国波恩召开，经过各方艰苦谈判，大会于当地时间 18 日上午 7 时落下帷幕。大会通过了名为"斐济实施动力"的一系列成果，就《巴黎协定》实施涉及的各方面问题形成了谈判案文，进一步明确了 2018 年促进性对话的组织方式，通过了加速 2020 年前气候行动的一系列安排。此次大会发展中国家体现出空前团结，发达国家也展现了灵活性，会议最终取得成功。成功背后，涌动着与会各方博弈的波澜。尽管谈判很难一帆风顺，中途亦曾发生诸如特朗普任总统后宣布美国退出《巴黎协定》等个别"倒退"性事件，但是毫无疑问，从大的方向看，全球合作进行气候治理的车轮始终前行，波恩气候大会亦是此间的重要过程。

1. 分歧与平衡

波恩气候大会的主席国是斐济，这也是联合国气候大会历史上第一次由岛屿国家担任主席国，因此，来自岛屿国家的呼吁在这一年被更广泛地关注，落实《巴黎协定》的紧迫性亦从中可见一斑。波恩气候大会也是美国宣布退出《巴黎协定》之后首次出现在谈判桌上。尽管特朗普政府的态度未有松动，但是美国除联邦外的各级政府均派代表参加了波恩会议，且主要目的是表明他们仍将致力于兑现美国在巴黎做出的承诺。美国在国际气候议题进程中的立场，随着特朗普的上台经历了 180 度急转，在波恩会议期间，美国代表团总体保持低调，没有对大会的最终成果和整体进程造成决定性的负面影响。然而，波恩气候大会的谈判过程比之前预想的更加艰难，特别是资金问题，是发展中国家和发达国家在谈判中较难达成一致的问题。2009 年哥本哈根世界气候大会上，发达国家承诺 2020 年前每年向发展中国家提供 1000 亿美元的气候资金，2015 年达成的《巴黎协定》亦重申了这一点，但是截至大会召开时，距离实现承诺目标仍有不小差距。11 月 15 日，"基础四国"（中国、印度、巴西、南非）举行联合记者会，共同呼吁发达国家兑现 2020 年减排目标和对发展中国家的资金承诺。波恩气候大会期间出现的分歧还包括如何安排 2018 年促进性对话，是否将 2020 年前气候行动列入大会下一步谈判议程等。促进性对话是指各国就应对气候变化行动和自主贡献目标展开交流。发展中国家认为，促进性对话应主要围绕 2020 年前的行动和承诺展开，而发达国家则倾向于在对话中展望 2020 年后的未来。在围绕 2020 年前气候行动方面，发展中国家也与发达国家展开交锋。谈判中，中国等发展中国家呼吁在《联合国气候变化框架公约》缔约方大会框架内设置专门议程，重点讨论相关问题，发达国家对此表示反对。面对这些矛盾，发展中国家展现了空前团结，发达国家也表现出很大灵活性和建设性。最终，大会确定了促进性对话方式，将 2020 年前气候行动列入未来谈判议程。各方也为资金问题努力做出了相应安排，"结果都能接受，体现了合作共赢"。中国代表团在本次大会谈判中贡献中

3

国智慧、提出中国方案，处理分歧时提出"搭桥方案"，寻找最大公约数，有效推动了谈判进程。

2. 共识与未来

波恩气候大会继续落实《巴黎协定》有关议题，各国在谈判过程中展示了政治意愿和灵活性，使谈判在 2020 年前的行动、2018 年促进性对话、资金支持、《巴黎协定》规则书等重要问题上取得了阶段性的进展。一是加速《巴黎协定》后续谈判，奠定制度基础。《巴黎协定》的实施细则是将《联合国气候变化框架公约》和该协定规定的共同愿景和美好蓝图变成现实的制度基础。当前，正处于实施细则谈判的关键阶段，呼吁各方将协定达成的共识和规定落实在实施细则的各项条款当中，通过全面准确地理解协定条款来解决各方分歧，确保 2018 年完成谈判，为《巴黎协定》的有效实施打下坚实基础。二是对 2018 年促进性对话做出安排，充实动力基础。2018 年促进性对话应该为各方应对气候变化创造相互理解、相互尊重、团结合作、共享共赢的互信氛围，各方应切实按照主席国斐济提出的"塔拉诺阿精神"，讲好 2020 年前行动和承诺的故事，使对话成为各方相互支持、取长补短、增加新动能、实现合作共赢的平台。三是落实 2020 年前行动和承诺，筑牢互信的基础。落实 2020 年前承诺关乎各方的互信，关乎多边进程的有效性，关乎国际社会对 2020 年后落实《巴黎协定》的信心。

十、卡托维茨世界气候大会

2018 年 12 月 3~15 日，在波兰卡托维茨召开了第二十四届世界气候大会。在大会召开之前，许多人预计在波兰卡托维兹举行的联合国气候变化大会将是 2015 年以来最为重要的气候谈判。2015 年，196 个国家通过了标志性的《巴黎协定》，共同描绘出零碳未来的愿景。2018 年的气候大会则是促进各国就《巴黎协定》实施规则达成一致，从而将愿景转变为现实，是开启更有力的气候行动的重要时刻，推进《巴黎协定》从未如此重要。此次气候大会在 IPCC 发布《全球升温 1.5℃ 特别报告》之后举行，释放出清晰信号，即未来十年，人类必须在多个领域推动巨大变革，才能将全球升温控制在《巴黎协定》规定的目标之内。气候影响的迹象日益增多，从加利福尼亚的山火悲剧到太平洋肆虐的台风等，全球对气候影响的意识不断增强，才能推动各国领导人增加果断行动。由此，在卡托维兹气候大会上，核心议题主要包括：①制定《巴黎协定》实施细化指南，即《巴黎协定》规则手册；②释放清晰信号，表明各国将在 2020 年前强化气候承诺；③帮助各国树立信心，相信零碳和气候韧性转型将获得足够融资。

最终，经过一天的延期，当地时间 12 月 15 日晚，2018 年联合国气候变化大会闭幕会议在波兰卡托维茨举行。大会主席库尔蒂卡宣布，近 200 个缔约方一致同意通过一份"一揽子协议"，其中重要的成果包括：各国政府需要在 2020 年前更新国家自主贡献目标，已有部分国家在此次大会上提出了新目标或者明确了更新时间；联合国秘书长古特雷斯将于 2019 年 9 月举办的联合国气候峰会上，对各国的减排承诺及更新情况进行评估；《巴黎协定》规则手册获得通过，各国将遵守同样的原则来测算和报告各自的气候行动；将在智利举行 2019 年联合国气候大会。

附录Ⅲ 全球十大环境污染事件

一、马斯河谷烟雾事件（1930 年）

1930 年 12 月 1~5 日在比利时马斯河谷工业区，河谷上空出现了很强的逆温层，致使 13 个大烟囱排出的烟尘无法扩散，大量有害气体积累在近地大气层，对人体造成严重伤害。一周内有 60 多人丧生，其中，心脏病、肺病患者死亡率最高，另有许多牲畜死亡。这是 20 世纪最早记录的公害事件和大气污染惨案。

位于马斯河旁长 24 千米的河谷地段的马斯河谷，是一段中部低洼，两侧有近 100 米高山对峙的河段，河谷地带处于狭长的盆地之中。马斯河谷地区是一个重要的工业区，这里建有 3 个炼油厂、3 个金属冶炼厂、4 个玻璃厂和 3 个炼锌厂，还有电力、硫酸、化肥厂和石灰窑炉。13 个大大小小的工厂成了生活在这里的人们的经济支柱，人们夜以继日地为生计和工业发展而卖力。然而，由于当时工厂的环保意识不强，环保设施也相对落后，在这样一个狭窄的盆地中建立工业区，为之后大气污染惨案的发生埋下了沉重的隐患。

1930 年 12 月 1~5 日，正值隆冬时节，整个比利时突然被大雾笼罩，久久不能散去，气候也出现反常。由于马斯河谷地区是工业区，并位于狭长的河谷地带，常年排放的工业废气本就不容易分散，这时的大雾像一层厚厚的棉被覆盖在整个工业区上空。通常情况下，气流上升越高，气温越低，但当气候反常时，底层空气温度就会比高层空气温度低，发生气温的逆转现象，这种逆转的大气层叫作逆温层。逆温层会影响空气对流，抑制烟雾的升腾，致使工厂排出的有害气体和煤烟粉尘在近地面上空大量积累，无法扩散，并在逆温层下积蓄起来，造成大气污染。在这种逆温层和大雾的作用下，马斯河谷工业区内 13 个工厂排放的大量烟雾弥漫在河谷上空无法扩散，有害气体在大气层中越积越厚，其积存量逐渐接近危害健康的极限。在逆温层和大雾共同作用的第 3 天，河谷工业区居民有几千人呼吸道发病，一星期内 63 人死亡，为同期正常死亡人数的 10.5 倍。发病者包括不同年龄的男女，症状大多是流泪、喉痛、声嘶、咳嗽、呼吸短促、胸口窒闷、恶心、呕吐。死者大多是年老和有慢性心脏病与肺病的患者，许多家畜也未能幸免于难，纷纷死去。尸体解剖结果证实：刺激性化学物质损害呼吸道内壁是致死的原因。

事件发生以后，有关部门对事件起因立即进行了细致调查，但短时间内并不能确定究竟是哪种有害物质引发疾病。有人认为是氟化物，有人认为是硫的氧化物，说法各不相同。随后相关部门又对当地排入大气的各种气体和烟雾进行了研究分析，排除了氟化物致毒的可能性，认为硫的氧化物——二氧化硫气体和三氧化硫烟雾的混合物为主要致害物质。二氧化硫气体对动植物危害极大，是一种无色的具有强烈刺激性气味的有毒气体，易溶解于人体血液和其他黏性液体。人体呼吸时吸入带有二氧化硫的飘尘，会使二氧化硫的毒性增强。该气体会导致呼吸道炎症、支气管炎、肺气肿、眼结膜炎症等。同时，高浓度的二氧化硫也对植物产生急性危害，导致叶片表面产生坏死斑，或直接使植物叶片枯萎脱落。即使在低浓度二氧化硫的影响下，植物的生长机能也会受到影响，造成产量下降，品质变坏。此外，二氧化硫还会对金属，特别是对钢结构，造成腐蚀。据推测，事件发生时工厂排出有害气体在近地表层积累，且据费克特博士在 1931 年对这一事件所写的报告，推测大气中二氧化硫的浓度为 25~100 毫克/立方米（9~37 微克）。空气中存在的氧化氮和金属氧化物微粒等污染物会加速二氧化硫向三氧化硫转化，加剧对人体的刺激作用，而且一般认为具有生理惰性的烟雾，通过把刺激性气体带进肺部深处，会产生一定的致病作用。

资料来源：何小刚．生态文明新论［M］．上海：上海社会科学院出版社，2016.

二、洛杉矶光化学烟雾事件（1943 年）

洛杉矶位于美国西南海岸，西面临海，三面环山，是一个阳光明媚、气候温暖、风景宜人的地方。早期金矿、石油和运河的开发，加之得天独厚的地理位置，使它很快成为一个商业、旅游业都很发达的港口城市。洛杉矶市很快变得空前繁荣，著名的电影业中心好莱坞和美国第一个"迪士尼乐园"都建在了这里。城市的繁荣又使洛杉矶人口剧增。白天，纵横交错的城市高速公路上拥挤着数百万辆汽车，整个城市仿佛一个庞大的蚁穴。

美国洛杉矶光化学烟雾事件是世界有名的公害事件之一，1943 年发生在美国洛杉矶市。1943 年以后，烟雾更加肆虐，以致远离城市 100 千米以外的海拔 2000 米高山上的大片松林业因此枯萎。仅 1950~1951 年美国因大气污染造成的损失就高达 15 亿美元；1955 年 9 月，由于大气污染和高温，短短两天之内，65 岁以上的老人死亡 400 余人，许多人出现眼睛痛、头痛、呼吸困难等症状，甚至死亡；1970 年，约有 75% 以上的市民患上了红眼病。

美国西海岸的洛杉矶市在 20 世纪 40 年代就已拥有约 250 万辆汽车，每天大约消耗 1100 吨汽油，排出 1000 多吨碳氢化合物，300 多吨氮氧化合物，700 多吨一氧化碳。另外，还有炼油厂、供油站等其他石油燃烧排放。这些化合物被排放到阳光明媚的洛杉矶上空，不久制造了一个"毒烟雾工厂"。这种烟雾使人眼睛发红，咽喉疼痛，呼吸憋闷，头昏，头痛。这种烟雾是由于汽车尾气和工业废气排放造成的，一般发生在湿度低、气温在 24~32℃ 的夏季晴天的中午或午后。汽车尾气中的烯烃类碳氢化合物和二氧化氮被排放到大气中后，在强烈的阳光紫外线照射下，会吸收太阳光所具有的能量，这些物质的分子在吸收了太阳光的能量后，会变得不稳定，原有的化学链遭到破坏，形成新的物质。这种化学反应被称为光化学反应，其产物为含剧毒的光化学烟雾。光化学烟雾可以说是工业发达、汽车拥挤的大城市的隐患。20世纪50年代以来，世界上很多城市都发生过光化学烟雾事件。

资料来源：《世界环境》2009年第4期。

三、多诺拉烟雾事件（1948年）

美国多诺拉烟雾事件是世界有名的公害事件之一。多诺拉是美国宾夕法尼亚州匹兹堡市南边30千米处的一个工业小镇，居民约1.4万人。城镇座落在孟农加希拉河的一个马蹄形河湾内侧。沿河是狭长的平原地，两边有高约120米、坡度为10%的山岳。多诺拉镇与韦布斯特镇隔河相对，形成一个河谷工业地带。在多诺拉狭长平原上，很多硫酸厂、钢铁厂、炼锌厂集中于此，多年来，这些工厂的烟囱不断向空中喷烟吐雾，以致多诺拉镇的居民们对空气中的怪味都习以为常了。1948年10月26~31日，持续的雾天使多诺拉镇看上去格外昏暗。气候潮湿寒冷，天空阴云密布。在最低600米的大气层内，风力十分微弱，大多数时间无风，大气处于"热稳定"状态，空气很少有上下的垂直移动，出现了逆温现象。地处山谷底的多诺拉，比周围地势低约120米，几天之内逆温覆盖了整个山谷。同时，城市上空的"逆温帽"在极少的时间里比300米还低。此外，在那种"死风"状态下，工厂的烟囱却没有停止排放，排出的烟雾被大量封闭在山谷内壁和逆温顶部之间。

随着大气中的烟雾越来越厚重，空气中散发着刺鼻的二氧化硫气味，令人作呕，且空气能见度极低，除了烟囱，工厂都消失在烟雾中。随之而来的是小镇约6000人突然发病，症状为眼痛、喉咙痛、流鼻涕、咳嗽、头痛、四肢乏倦、胸闷、呕吐、腹泻等。

调查证明，发病率和严重程度同性别、职业无关，而同年龄有关：患者在65岁以上的超过60%，死亡17人，整体年龄在52~84岁，平均年龄在65岁。此外，死亡患者大都是在发病第三天致命的，并且这些死者都有一个共同点，即原来都患有心脏或呼吸系统疾病。尸体解剖记录证明，死者肺部都有受急剧刺激引起的变化，如血液扩张出血、水肿、支气管发炎并含脓等。多诺拉烟雾事件发生的主要原因，是小镇工厂排放的含有二氧化硫等有毒有害物质的气体及金属微粒在气候反常的情况下聚集在山谷中积存不散，而这些有害有毒物质又附在悬浮颗粒物上，最终使大气受到严重污染。

资料来源：《世界环境》2010 年第 5 期。

四、伦敦烟雾事件（1952 年）

1952 年的伦敦烟雾事件，是英国史上比较严重的一次空气污染事件，事件直接或间接导致多达 12000 人丧生，被认为是 20 世纪十大环境公害事件之一，此事件的发生也推动了英国环境保护立法的进程。

1952 年 12 月 5~12 月 8 日，地处泰晤士河河谷地带的伦敦城一连几日无风，城市上空连续四五天烟雾弥漫，能见度极低，市中心一度连续 48 小时能见度不足 50 米。在这种气候条件下，飞机被迫取消航班，汽车即便白天行驶也必须打开车灯，行人走路也受到影响，只能沿着人行道摸索前行。由于大气中的污染物不断积蓄不能扩散，直接给当地带来了健康威胁。当时伦敦正在举办一场牛展览会，参展的牛首先对烟雾产生了反应，350 头牛中有 52 头严重中毒，14 头奄奄一息，1 头当场死亡。不久伦敦市民也对毒雾产生了反应，许多人感到呼吸困难、眼睛刺痛，发生哮喘、咳嗽等呼吸道症状的病人明显增多，伦敦医院由于呼吸道疾病患者剧增而一时爆满。仅仅 4 天时间，死亡人数就达 4000 多人。根据事后统计，在发生烟雾事件的一周中，48 岁以上人群死亡率为平时的 3 倍，1 岁以下人群的死亡率为平时的 2 倍。在这一周内，伦敦市因支气管炎死亡 704 人，冠心病死亡 281 人，心脏衰竭死亡 244 人，结核病死亡 77 人，分别为前一周的 9.5、2.4、2.8 和 5.5 倍。此外，肺炎、流行性感冒等呼吸系统疾病的发病率也有显著性增加。

12 月 9 日之后，由于天气变化，毒雾逐渐消散，但在此之后的两个月内，又有近 8000 人因为烟雾事件而死于呼吸系统疾病。事后，据英国环境污染负责人厄尔斯特·威廉金斯博士统计：在雾灾发生的前一周，伦敦死亡人数为 945 人；在大雾期间，伦敦地区死亡人数激增到 2480 人，而大雾所造成的慢性死亡人数达 8000 人，与历年同期相比，多死亡 3000~4000 人。在这次伦敦烟雾事件的凶手中，冬季取暖燃煤和工业排放的烟雾是元凶，逆温层天气是帮凶。当时伦敦的工业燃料及居民冬季取暖多使用燃煤，并且市区内还分布有许多以煤为主要能源的火力发电站。煤炭燃烧产生的二氧化碳、一氧化碳、二氧化硫、氮氧化物、粉尘等气体与污染物排放到大气中后，会附着在飘尘上，凝聚在雾气上，被人体或动物吸入呼吸系统后会产生强烈的刺激作用，引起发病甚至死亡。

1952 年伦敦烟雾事件后，著名的《比佛报告》(The Beaver Report) 由此产生，并推动了《清洁空气法案》的出台。1956 年，英国政府颁布了《清洁空气法案》(1958 年又加以补充)，该法案是一部控制大气污染的基本法，对煤烟等排放做了详细、具体的规定，控制范围也进一步扩大。《清洁空气法案》划定"烟尘控制区"，区内只准许使用无烟煤、焦炭、电、煤气、低挥发性锅炉煤、燃料油，禁止使用其他燃料；大规模改造城市居民的传统炉灶，推广使用无烟煤、电和天然气，减少烟尘污染和二氧化硫排放，并在冬季采取集中供暖；对烟尘标准作出定义。地方管理局在"烟尘控制区"内管控禁止黑烟排放，因此有许多烧煤大户发电厂和重工业都迁往了郊区。这一法案具有里程碑意义，在此基础上英国各地还出台了一系列配套的法律法规，再加上民间环保组织的推动、大众环保意识的提高和环保技术的推广应用等，一场轰轰烈烈的环保运动随之展开。到 20 世纪 70 年代后，伦敦城市的大气污染程度降低了 80%，也摘掉了"雾都"的帽子。

资料来源：《世界环境》2014 年第 1 期。

五、水俣病事件（1953~1956 年）

日本熊本县水俣湾外围的"不知火海"是被九州本土和天草诸岛围起来的内海，那里海产丰富，是渔民们赖以生存的主要渔场。水俣镇是水俣湾东部的一个小镇，有 4 万多人居住，周围的村庄还居住着 1 万多农民和渔民。"不知火海"丰富的渔产使小镇格外兴旺。1925 年，日本氮肥公司在这里建厂，后又开设了合成醋酸厂。1949 年后，这个公司开始生产氯乙烯，年产量不断提高，1956 年超过 6000 吨。与此同时，工厂把没有经过任何处理的废水排放到水俣湾中。

1956 年，水俣湾附近发现了一种奇怪的病。这种病症最初出现在猫身上，被称为"猫舞蹈症"。病猫步态不稳，抽搐、麻痹，甚至跳海死去，被称为"自杀猫"。随后不久，此地也发现了患这种病症的人。患者由于脑中枢神经和末梢神经被侵害，症状如上。当时这种病由于病因不明而被叫作"怪病"。这种"怪病"就是日后轰动世界的"水俣病"，是最早出现的由于工业废水排放污染造成的公害病。"水俣病"的罪魁祸首是当时处于世界化工业尖端技术的氮生产企业。氮被用于肥皂、化学调味料等日用品及醋酸、硫酸等工业用品的制造上。日本的氮产业始创于 1906 年，其后化学肥料的大量应用使化肥制造业飞速发展，甚至有人说"氮的历史就是日本化学工业的历史"，日本的经济成长是"在以氮为首的化学工业的支撑下完成的"。然而，这个"先驱产业"肆意的发展，却给当地居民及其生存环境带来了无尽的灾难。

氯乙烯和醋酸乙烯在制造过程中要使用含汞的催化剂，这使排放的废水含有大量的汞。当汞在水中被水生物食用后，会转化成甲基汞。这种剧毒物质只要有挖耳勺的一半大小就足可致人死亡，而当时氮的持续生产已使水俣湾的甲基汞含量达到了足以毒死日本全国人口 2 次都有余的程度。水俣湾由于常年的工业废水排放而被严重污染了，进而水俣湾里的鱼虾类也由此被污染了。这些被污染的鱼虾通过食物链又进入了动物和人类的体内。甲基汞通过鱼虾进入人体，被肠胃吸收，侵害脑部和身体其他部分。进入脑部的甲基汞会使脑萎缩，侵害神经细胞，破坏掌握身体平衡的小脑和知觉系统。据统计，有数十万人食用了水俣湾中被甲基汞污染的鱼虾。

早在多年前，就屡屡有过关于"不知火海"的鱼、鸟、猫等生物异变的报道，有的地方甚至连猫都绝迹了。"水俣病"危害了当地人的健康和家庭幸福，使很多人身心上受到摧残，经济上受到沉重打击，甚至家破人亡。更可悲的是，由于甲基汞污染，水俣湾的鱼虾不能再捕捞食用，当地渔民的生活失去了依赖，很多家庭陷于贫困之中。"不知火海"失去了生命力，伴随它的是无期的萧索。

日本在第二次世界大战后经济复苏，工业飞速发展，但由于当时没有相应的环境保护和公害治理措施，工业污染和各种公害病随之泛滥成灾。除了水俣病，四日市哮喘病、富山骨痛病等都是在这一时期出现的。日本的工业发展虽然使经济获利不菲，但是难以挽回的生态环境破坏和贻害无穷的公害病使日本政府和企业日后为此付出了极其昂贵的治理、治疗和赔偿的代价。

资料来源：《世界环境》2009 年第 3 期。

六、骨痛病事件（1955～1972 年）

日本富山骨痛病事件是世界有名的公害事件之一，主要是由于重金属尤其是镉中毒引起的，1955～1972 年发生在日本富山县神通川流域。

患者大多是妇女，病症表现为腰、手、脚等关节疼痛，病症持续几年后患者全身各部位会发生神经痛、骨痛现象，行动困难，甚至呼吸都会带来难以忍受的痛苦。到了患病后期，患者骨骼软化、萎缩，四肢弯曲，脊柱变形，骨质松脆，就连咳嗽都能引起骨折，而且患者不能进食，疼痛无比，常常难以忍受痛苦而自杀。这种病由此得名为"骨癌病"或"骨痛病"。

据记载，日本从 1913 年开始炼锌，到 1931 年就出现过这种病，但没人知道这种病是怎样产生的。直至 1961 年日本医学界从事综合临床、病理、流行病学、动物实验和分析化学的人员经过长期研究后发现，骨痛病是由于神通川上游的神冈矿山废水引起的镉中毒造成的。

由于工业的发展，富山县神通川上游的神冈矿山从 19 世纪 80 年代开始成为日本铝矿、锌矿的生产基地。神通流域从 1913 年开始炼锌，"骨痛病"正是由于三井金属矿业公司神冈炼锌厂排放的含镉废水污染了周围的耕地和水源而引起的。企业长期将没有处理的废水排入神通川，致使高浓度的含镉废水污染了水源。而神通川是两岸人们世世代代的饮用水水源，也灌溉着两岸肥沃的土地，是日本主要粮食基地的命脉水源，而由此产生的"镉米"和"镉水"把神通川两岸的人们带进了"骨痛病"的阴霾中。

后来日本骨痛病患区已远超神通川而扩大到黑川、铜川、二迫川等 7 条河的流域，其中除富山县的神通川之外，群马县的碓水川、柳濑川和富山的黑部川都已发现镉中毒的骨痛病患者。镉是重金属，是对人体有害的物质。人体中的镉主要是由于被污染的水、食物、空气通过消化道与呼吸道而摄入体内的，大量积蓄就会造成镉中毒。进入体内的镉首先破坏了骨骼内钙质，进而使肾脏发病，内分泌失调，经过 10 多年后病症进入晚期而使人死亡。妊娠、哺乳、内分泌失调、营养缺乏和衰老被认为是骨痛病的诱因。

资料来源：徐宪江. 青少年避险自救百科知识（第 4 册）[M]. 长春：吉林出版集团有限责任公司，2013.

七、日本米糠油事件（1968 年）

日本米糠油事件发生在 1968 年，又称多氯联苯事件，波及日本 20 多个府县。1968 年 3 月，日本九州、四国等地有几十万只鸡突然死亡，主要症状是张嘴喘，头和腹部肿胀，而后死亡。经调查发现是饲料中毒，但由于未明确毒源，而并未对此进行追究。当年 6~10 月，有 4 家、13 人就原因不明的皮肤病到九州大学附属医院就诊，患者症状表现为痤疮样皮疹伴有指甲发黑、皮肤色素沉着、眼结膜充血、眼脂过多等。

九州大学医学部、药学部和县卫生部组成研究组，分为临床、流行病学和分析组开展调研。临床组在 3 个多月内确诊 325 名患者（112 家），平均每户 2.9 个患者，这表明该病有明显家庭集中性。之后，全国各地患者逐年增多，以福岗、长崎两县最多。1977 年，因此病死亡的人数达到 30 余人。到 1978 年 12 月，日本有 28 个县正式承认患者达 1684 名（包括东京都、京都郡和大阪府）。

这一事件引起了日本卫生部门的重视，并专门成立了"特别研究班"。经尸体解剖分析，在死者五脏和皮下脂肪中发现了多氯联苯。这是一种化学性质极为稳定的脂溶性化合物。由于多氯联苯性质稳定，不易燃烧，绝缘性能良好，因此在工业上应用较广，一般多用作电器设备的绝缘油和热载体。多氯联苯被人畜食用后，多积蓄在肝脏等多脂肪的组织中，损害皮肤和肝脏，引起中毒。初期症状为眼皮肿胀，手掌出汗，全身起红疹，其后症状转为肝功能下降，全身肌肉疼痛，咳嗽不止，重者发生急性肝坏死、肝昏迷等，以致死亡。

专家从病症的家族多发性了解到食用油的使用情况，怀疑与米糠油有关。经过对患者共同食用的米糠油进行追踪调查，发现九州一个食用油厂在生产米糠油时，为了降低成本追求利润，在脱臭工艺过程中使用多氯联苯液体作载热体，因管理不善，操作失误，致使米糠油中混入了多氯联苯，造成食物油污染。于是，随着这种有毒的米糠油销往各地，多人中毒生病或死亡。后来的研究进一步证明，多氯联苯受热生成了毒性更强的多氯代二苯并呋喃，后者同样属于持久性有机污染物。由于被污染的米糠油中的黑油被用作了饲料，还造成几十万只家禽的死亡。

当时，米糠油事件震惊了全世界，并在社会上引起极大的恐慌。第二次世界大战后的日本百业待兴，恢复经济的最初 10 年，日本大力发展重工业、化学工业，跨入世界经济大国行列成为日本国民的兴奋点。急功近利的态度，致使陶醉于日渐成为东方经济大国的日本造成了对环境的肆意破坏，终究酿成灾难。

资料来源：《世界环境》2012 年第 2 期。

八、印度博帕尔事件（1984 年）

1984 年 12 月 3 日凌晨，印度中部博帕尔市北郊的美国联合碳化物公司印度公司的农药厂突然传出几声尖锐刺耳的汽笛声，紧接着在一声巨响中，一股巨大的气柱冲向天空，形成一个蘑菇状气团，并很快扩散开来。这不是一般的爆炸，而是农药厂发生的严重毒气泄漏事故。

博帕尔农药厂是美国联合碳化物公司于 1969 年在印度博帕尔市建立起来的，主要生产西维因、滴灭威等农药。生产农药的原料是一种叫作异氰酸甲酯的剧毒气体。异氰酸甲酯一般以液化气形态储于罐内，外泄时转化为气体，这种气体只要有极少量短时间停留在空气中，就会使人感到眼睛疼痛，若浓度稍大，就会使人窒息。它能侵害人体呼吸道、消化器官、眼部，引起心血管病变，重者死亡，轻者失明或精神失常。在博帕尔农药厂，这种令人毛骨悚然的剧毒化合物被冷却成液态后，贮存在一个地下不锈钢储藏罐里，达 45 吨之多。

12 月 2 日晚，博帕尔农药厂工人发现异氰酸甲酯的储槽压力上升，午夜零时 56 分，液态异氰酸甲酯以气态从出现漏缝的保安阀中溢出，并迅速向四周扩散。毒气的泄漏犹如打开了潘多拉的魔盒，虽然农药厂在毒气泄漏后几分钟就关闭了设备，但是已有 30 吨毒气化作浓重的烟雾以 5 千米/小时的速度迅速向四处弥漫，很快就笼罩了 25 平方千米的地区。

当毒气泄漏的消息传开后，农药厂附近的人们纷纷逃离家园。他们利用各种交通工具向四处奔逃，有的一直跑到 30 千米外的市郊。严重中毒者都是农药厂周围贫民窟的居民，很多人被毒气弄瞎了眼睛，只能一路上摸索着前行。一些人在逃命的途中死去，尸体堆积在路旁，行动迟缓的全家死于屋内。在医院，挤满双目失明、口吐白沫、嘴巴起泡的求治者。殡仪馆、疗养院、急救站尸体堆积如山。截至 1984 年底，共有 6495 人死亡，2

万多人住院治疗，20 万人受到波及，5 万多人可能永久失明或终身残疾，将在痛苦中度过余生，中毒的孕妇大多产下死婴。

印度政府调查团发现，总部设在美国西弗吉尼亚的联合碳化物公司在安全防护措施方面存在偷工减料的事实。该公司设在印度的工厂和设在美国本土西弗吉尼亚的工厂在生产设计上是一样的，然而在环境安全防护措施方面却采取了双重标准。印度博帕尔农药厂只有一般的装置，而设在美国的工厂除一般装置外，还装有电脑报警系统。另外，博帕尔农药厂建在人口稠密地区，而美国本土的同类工厂则远离人口稠密地区。美国联合碳化物公司在 1989 年向印度政府支付了 4.7 亿美元的赔偿金。2009 年进行的一项环境检测显示，在当年爆炸工厂的周围依然有明显的化学残留物，这些有毒物质污染了地下水和土壤，导致当地很多人生病。

博帕尔事件是发达国家将高污染及高危害企业向发展中国家转移的一个典型恶果。20 世纪下半叶，公害问题在发达国家得到广泛关注，因此环境标准的制定要求越来越高，致使很多企业都把目标转向了环境标准相对不高的发展中国家，这就是所谓的"工业的重新布局"——把污染企业从受控制区域向不受控制区域转移，被称为"污染天堂"理论。

资料来源：《世界环境》2016 年第 1 期。

九、切尔诺贝利核泄漏事件（1986 年）

1986 年 4 月 26 日凌晨，位于乌克兰的切尔诺贝利核电站的 4 号机组发生爆炸，一条 30 多米高的火柱掀开了反应堆的外壳，冲向天空。高达 2000℃的烈焰吞噬着机房，熔化了粗大的钢架，8 吨多强辐射物质混合着炙热的石墨残片与核燃料碎片喷涌而出。虽然在事故发生 6 分钟后消防人员就赶到了现场，但是强烈的热辐射使人难以靠近，只能靠直升机从空中向下投放含铅和硼的沙袋，以封住反应堆，阻止放射性物质外泄。但爆炸时泄漏的核燃料浓度高达 60%，且直至事故发生后 10 昼夜，反应堆被封存时，放射性元素一直超量释放。

据统计，事故发生的前三个月内 31 人死亡，之后 13.4 万人遭受各种程度的辐射疾病折磨，方圆 30 千米地区的 11.5 万民众被迫疏散，甚至有受放射线影响而导致的畸形胎儿出生，如有的婴儿没有耳朵，有的长出八个指头等。事故使白俄罗斯共和国损失了 20% 的农业用地，220 万人居住的土地遭到污染，成百个村镇人去屋空。乌克兰被遗弃的禁区成了盗贼的乐园和野马的天堂，所有珍贵物品均被盗走，这也因此将污染扩散到区外。靠近核电站 7 千米内的松树、云杉凋萎，1000 公顷森林逐渐死亡。还有学者的研究数据显示，当地的哺乳动物出现衰退，甚至包括大黄蜂、草蜢、蝴蝶和蜻蜓等昆虫也出现同样情况；生活在切尔诺贝利高辐射区的鸟类大脑也要比低辐射区的鸟类小 5%，大脑容量小意味着认知能力和生存能力差，而且很多鸟类胚胎根本无法存活。即使在 30 千米以外的"安全区"，癌症患者、儿童甲状腺患者和畸形家畜也急剧增加，甚至 80 千米外的集体农庄中，20% 的小猪生下来也被发现眼睛不正常。上述怪症都被称为"切尔诺贝利综合症"。

此外，核污染给人们精神、心理上带来的不安和恐惧更是无法统计。事故后的 7 年中，有 7000 名清理人员死亡，其中 1/3 是自杀。参加医疗救援的工作人员中，40% 的人患上了精神疾病或永久性记忆丧失。正如乌克兰前总统亚努科维奇所说，灾难留下一个深深的伤口，将伴随民众很多年。

核事故发生后，苏联发动超过 50 万人，耗巨资抢险和清理周边区域，用混凝土等材料建造"石棺"，封存 4 号机组反应堆。之后，1 号、2 号、3 号机组也分别于 1977 年、1991 年和 2000 年停运，核电站最终退役。

资料来源：《世界环境》2011 年第 3 期。

十、剧毒物污染莱茵河事件（1986 年）

1986 年 11 月 1 日，瑞士巴塞尔桑多兹化工厂 956 号仓库发生火灾。仓库共储存 1250 吨农用化学品，主要包括有机磷杀虫剂（敌敌畏、乙拌磷、对硫磷等)、含汞农药、含锌农药、二硝甲酚等, 大多数对水生生物有剧毒, 且可能对水生环境造成长期持续影响。因现场消防用水喷出后没有进行收集, 约 10000 立方米的消防水主要通过冷却水排水管流入莱茵河。排放水中含有大量活性物质及燃烧产物, 其中部分是无毒的荧光红颜料, 但剧毒的杀虫剂、除草剂和杀菌剂仍占绝大部分。据估计, 事故造成 30 吨农业药品 (其中包含 10 吨磷酸酯, 约 0.15 吨汞) 泄漏到莱茵河中。

消防污水中的汞、含锌农药和其他农药造成了莱茵河流域的严重污染。据报道, 莱茵河荷兰段水中汞含量超标 3 倍。事故场地附近有 5 万平方米的土壤被汞等化学品污染, 需要进行处理。水体污染迫使德国和荷兰的自来水厂关闭, 采取应急供水措施。法国的渔业、旅游业和海水养殖业蒙受了巨大损失。事故后, 耗时 3 个月才完成场地清理, 事故造成的经济损失估计为 1000 万瑞士法郎。

事故导致莱茵河中水生生物大量消失。事故场地下游 400 千米内的水底生物和鳗鲡鱼完全灭绝。受事故影响的三个主要鱼种为鲑鱼、茴鱼和鳗鲡鱼。有 50 万尾鳗鲡鱼 (大约 200 吨) 死亡, 下游 650 千米内的鳗鲡鱼种群在数年之内受到影响。从事故地点至下游 150 千米内的茴鱼、鲑鱼全部死亡, 下游 450 千米内这些鱼种都受到影响。靠近污染源头的水体中大型无脊椎动物灭绝, 下游远处的种群也受到影响。大量的鸟类和昆虫由于污染而死亡。这次污染给沿岸国家带来的损失达 6000 万美元, 单是和瑞士接壤的德国巴登因污染带来的渔业损失就达 500 万美元。在后来几年里, 莱茵河里无鱼可捕。官方告诫沿岸地区的人们不得饮用莱茵河水。法国政府下令禁止本国渔民下河捕鱼, 同时不准在沿河地区放牧。德国有几个城镇靠消防车运水供应居民。莱茵河历史上还从来没有发生过这样大的灾难, 所以有人称这次事故是"水工业的切尔诺贝利事件"。

资料来源: 环境保护部环境应急指挥领导小组办公室. 突发环境事件典型案例选编 (第二辑) [M]. 北京: 中国环境出版社, 2015.

参考文献

［1］ Baksi S, Chaudhuri A R, Transboundary Pollution, Trade Liberal-
ization and Environmental Taxes ［J］. SSRN Electronic Journal, 2008 (33):
1-24.

［2］ Bokpin G A. Foreign direct investment and environmental sustainability
in Africa: The role of institutions and governance ［J］. Research in Internation-
al Business and Finance, 2017, 39(A): 239-247.

［3］ Copeland B R. Pollution Content Tariffs, Environmental Rent Shifting,
and the Control of Cross Border Pollution ［J］. Journal of International Econom-
ics, 1996(40): 459-476.

［4］ Dockner E J, Van Long N. International Pollution Control: Coopera-
tive versus Noncooperative Strategies ［J］. Journal of Environmental Economics
and Management, 1993, 25(1): 113-29.

［5］ Drifte R. Transboundary Pollution as an Issue in Northeast Asia Re-
gional Politics ［R］. Asia Research Center Working Paper, 2002.

［6］ Grossman G M, Krueger A B. Environmental Impacts of a North
American Free Trade Agreement ［R］. National Bureau of Economic Research
Working Paper, 1991.

［7］ Harashima Y, Morita T. A comparative study on environmental policy
development processes in the three East Asian countries: Japan, Korea, and

China [J] . Environmental Economics and Policy Studies, 1998, 1(1): 39-67.

[8] Jurić T. Cross-Border Environmental Pollution Between the Republic of Croatia and Bosnia and Herzegovina: Three Case Studies [J] . Socijalna ekologija: časopis za ekološku misao i sociologijska istraživanja okoline, 2019(2): 87-114.

[9] Kim I. Messages from a middle power: participation by the Republic of Korea in regional environmental cooperation on transboundary air pollution issues [J] . International Environmental Agreements: Politics, Law and Economics, 2014(14): 147-162.

[10] Komori Y. Evaluating Regional Environmental Governance in Northeast Asia, Asian Affairs [J] . Asian Aflairs An American Review, 2010, 37(1): 1-25.

[11] Lee Eun-ju. Social Learning and Epistemic Community for Environmental Cooperation in Northeast Asia: The Case of the Tripartite Environment Ministers Meeting (TEMM) and Tripartite Environmental Education Network (TEEN) [J] . Korean Journal of Environmental Education, 2018, 31(1): 53-63.

[12] Lemos M C, Agrawal A. Environmental governance [J] . Annual Review of Euvirnnment and Resources, 2006, 31(1): 297-325.

[13] Marks G. Structural Policy and Multilevel Goverance in the EU [J] . State of the European Union the Maastricht Debate and Beyond, 1993(2): 391-410.

[14] Markusen J R. International Externalities and Optimal Tax Structures [J] . Journal of International Economics, 1975(5): 15-29.

[15] Nam S. International Environmental Cooperation: Politics and Diplomacy in PacificAsia [M] . Boulder: University Press of Colorado, 2002.

[16] Schreurs M. Perspectives on Environmental Governance [R] . CCICED Report, 2005.

［17］Scitovsky T. Two Concepts of External Economies ［J］. The Journal of Political Economy，1954，62(2)：143-151.

［18］Sheingauz A，Ono H. Natureal Resources and Environment in Northeast Asia：Satus and Challenges ［J］. The Sasakawa Peace Foundation，1995(1)：42-43.

［19］Shin S. East Asian Environmental Co-operation：Central Pessimism，Local Optimism ［J］. Pacific Affairs，2007，80(1)：13-14.

［20］Word Bank. Governance and Development ［R］. Washington，D C：World Bank，1992.

［21］Yanase A. Global Pollution，Dynamic and Strategic Policy Interactions，and Long-run Effects of Trade ［J］. The International Economy，2009(13)：23-49.

［22］奥兰·杨. 世界事物中的治理 ［M］. 上海：上海世纪出版集团，2007.

［23］白乌云，金良. 蒙古国与内蒙古草原生态环境问题及其解决途径比较研究 ［J］. 经济论坛，2015(5)：18-21.

［24］保罗·A. 萨缪尔森，威廉·D. 诺德豪斯. 经济学：第十四版 ［M］. 胡代光，等译. 北京：北京经济学院出版社，1996.

［25］保罗·萨缪尔森，威廉·诺德豪斯. 经济学 ［M］. 18 版. 萧琛，译. 北京：人民邮电出版社，2008.

［26］庇古. 福利经济学 ［M］. 金镝，译. 北京：华夏出版社，2007.

［27］布坎南. 民主财政论 ［M］. 穆怀朋，译. 北京：商务印书馆，1999.

［28］常杪，小柳秀明，水落元元，等. 小城镇·农村生活污水分散处理设施建设管理体系 ［M］. 北京：中国环境科学出版社，2012.

［29］陈亮. 人与环境 ［M］. 北京：中国环境出版社，2017.

［30］陈英姿. 东北亚区域环境合作与东北振兴 ［J］. 东北亚论坛，2006(1)：68-72.

［31］陈正．人口对生态环境脆弱性影响的相关分析：以陕西榆林为例［J］．西安财经学院学报，2008(1)：55-58，82.

［32］崔达．全球环境问题与当代国际政治［D］．苏州：苏州大学，2008.

［33］崔相哲，任明．关于东北亚沿岸的环境与生态保护及其国际合作问题［J］．东北亚论坛，1992(3)：80-82.

［34］戴维·赫尔德等．全球大变革：全球化时代的政治、经济与文化［M］．杨雪冬，等译．北京：社会科学文献出版社，2001.

［35］丁丽柏，龙柯宇．从松花江水污染事件检视跨界污染损害责任制度［J］．云南大学学报法学版，2006(3)：101-106.

［36］丁生喜．区域经济学通论［M］．北京：中国经济出版社，2018.

［37］董亮．雾霾责任、环境外交与中日韩合作［J］．当代韩国，2017(2)：1-14.

［38］俄罗斯联邦环境保护法和土地法典［M］．马骧聪，译．北京：中国法制出版社，2003.

［39］范睿．农民环境意识及其对农村生态环境的影响［J］．中国证券期货，2011(12)：181-181.

［40］冯玉桥．排污权市场交易政策在北京市大气污染防治中实施的必要性［J］．节能与环保，2003(1)：18-22.

［41］高金萍．理想、理念、理论：人类命运共同体的演进逻辑［J］．当代世界，2021(6)：24-30.

［42］贡杨，董亮．东北亚环境治理：区域间比较与机制分析［J］．当代韩国，2015(1)：30-41.

［43］顾湘．区域海洋环境治理的协调困境及国际经验［J］．阅江学刊，2018，10(5)：109-117，147.

［44］郭锐．国际机制视角下的东北亚环境合作［J］．中国人口·资源与环境，2011，21(8)：43-48.

［45］郭延军．东北亚环境安全研究［D］．济南：山东大学，2007.

［46］郇庆治．环境整治国际比较［M］．济南：山东大学出版社，2007.

［47］黄昌朝．日本东亚环境外交研究［D］．上海：复旦大学，2013.

［48］黄森．区域环境治理［M］．北京：中国环境科学出版社，2009.

［49］黄韬．财税政策治理环境污染的动态博弈分析［D］．北京：中央财经大学，2015.

［50］姜龙范．"一带一路"倡议视域下的危机管控与东北亚安全合作机制的构建［J］．东北亚论坛，2018，27（3）：45-58.

［51］金东烨，朱宰佑．东北亚开展环境协作的方向［J］．国际政治研究，1997（2）：40-47.

［52］金熙德．中国的东北亚研究［M］．北京：世界知识出版社，2001.

［53］兰德尔．资源经济学［M］．北京：商务印书馆，1989.

［54］蕾切尔·卡逊．寂静的春天［M］．吕瑞兰，李长生，译．上海：上海译文出版社，2011.

［55］李栋，周静茹．突发事件预防与处置实务［M］．北京：中国政法大学出版社，2016.

［56］李光辉．东北亚区域经济一体化战略研究——基于东亚区域经济合作框架下的思考［M］．北京：中国商务出版社，2011.

［57］李金惠．环境外交基础与实践［M］．北京：中国环境出版集团，2018.

［58］李旭红．简论欧盟的环境政策［J］．商场现代化，2008（20）：2-3.

［59］李雪松．东北亚区域环境跨界污染的合作治理研究［D］．长春：吉林大学，2014.

［60］梁西．国际组织法［M］．武汉：武汉大学出版社，2002.

［61］蔺雪春．东北亚区域环境合作机制亟待加强［J］．社会观察，2007，5（1）：42-43.

［62］蔺雪春．全球环境治理机制与中国的参与［J］．国际论坛，2006(2)：39-43.

［63］刘建飞，袁沙．当代全球治理困境及应对方略［J］．中共中央党校（国家行政学院）学报，2019，23(2)：86-92.

［64］刘曙光，李逸超，王畅．全球海洋公域治理的困局与建议［N］．中国海洋报，2019-04-09(002)．

［65］刘艳，王语懿．中日韩环境利益共同体的构建与意义［J］．东北亚学刊，2018(4)：55-59.

［66］吕君，刘丽梅．环境意识的内涵及其作用［J］．生态经济，2006(8)：138-141.

［67］马银福．区域治理视域下的东盟环境问题［J］．南亚东南亚研究，2021(1)：42-60，152.

［68］马忠法，胡玲．论跨国公司投资环境责任的国际法规制［J］．海峡学，2020，22(1)：47-55.

［69］曼瑟尔·奥尔森．集体行动的逻辑［M］．陈郁，郭宇峰，李崇新，译．上海：上海人民出版社，1995.

［70］梅菲．亚洲地区越境空气污染治理的合作机制［J］．长江流域资源与环境，2018，27(6)：1371-1379.

［71］牛东旗，王玉翠．基于囚徒困境和雪堆博弈的企业战略联盟中的知识转移模［J］，统计与决策，2013(15)：42-45。

［72］欧洲联盟法典［M］．苏明忠，译．北京：北京国际文化出版公司，2005.

［73］秦天宝，许文婷．跨界污染争端避免机制的相关理论问题初探［J］．武汉大学学报（哲学社会科学版），2010，63(1)：38-43.

［74］全永波．海洋环境跨区域治理的逻辑基础与制度供给［J］．中国行政管理，2017(1)：19-23.

［75］全永波．全球海洋生态环境多层级治理：现实困境与未来走向［J］．政法论丛，2019(3)：148-159.

［76］全永波．全球海洋生态环境治理的区域化演进与对策［J］．太平洋学报，2020，28(5)：81-91.

［77］尚宏博．东北亚环境合作机制回顾与分析［J］．中国环境管理，2010(2)：11-14.

［78］沈满洪，何灵巧．外部性的分类及外部性理论的演化［J］．浙江大学学报（人文社会科学版），2002，32(1)：152-160.

［79］世界环境与发展委员会．我们共同的未来［M］．王之佳，等译．长春：吉林人民出版社，1997.

［80］宋旭．着力构建完备的环境执法监督体系：专访环境保护部原核总工程师陆新元［J］．中国环境管理，2016，8(1)：15-19.

［81］孙凤蕾．全球环境治理的主体问题研究［D］．济南：山东大学，2007.

［82］孙凯．演进中的全球环境治理体系［J］．中国海洋大学学报（社会科学版），2006(4)：35-39.

［83］孙振清，李欢欢，刘保留．空间外溢视角下的区域碳减排与环境协同治理：基于京津冀部分地区面板数据分析［J］．调研世界，2020(12)：10-16.

［84］檀跃宇．蓝星守护者：细说联合国环境规划署［J］．环境保护，2011(15)：67-69.

［85］佟新华．基于清洁发展机制的东北亚环境合作［J］．吉林大学社会科学学报，2009，49(2)：74-78.

［86］王朝梁．论中国与东北亚邻国就解决跨境酸雨污染问题的区域合作机制［J］．河北大学学报（哲学社会科学版），2008(6)：80-86.

［87］王芳．冲突与合作：跨界环境风险治理的难题与对策——以长三角地区为例［J］．中国地质大学学报（社会科学版），2014，14(5)：78-85，156.

［88］王豪．东北亚环境治理合作动力机制探析［J］．东北亚学刊，2022(2)：97-110，150.

［89］王书明，同春芬，左弦．沙尘暴的国际影响及其全球合作治理［J］．南通大学学报（社会科学版），2008(4)：111-115.

［90］王曦，杨华国．从松花江污染事故看跨界污染损害赔偿问题的解决途径［J］．现代法学，2007(3)：112-117.

［91］王彦志．非政府组织参与全球环境治理：一个国际法学与国际关系理论的跨学科视角［J］．当代法学，2012，26(1)：47-53.

［92］王艳，叶淑红，丁德文．越境污染问题的博弈分析［J］．大连海事大学学报，2005，31(3)：53-56.

［93］谢晓光．东北亚区域环境合作及前景展望［J］．兰州学刊，2010(4)：18-20.

［94］徐步华，叶江．浅析非政府组织在应对全球环境和气候变化问题中的作用［J］．上海行政学院学报，2011，12(1)：79-88.

［95］徐庆华．中国国际区域环境合作文件汇编［M］．北京：中国环境科学出版社，2006.

［96］徐嵩龄．中国—东北亚国家之间的环境合作：状况分析与评价［J］．东北亚论坛，2002(1)：49-54.

［97］许冬兰．东亚环境污染和日韩对华环境合作［J］．日本研究论集，2008(1)：156-166.

［98］薛晓芃．东北亚环境治理现状：非国家行为体的作用评估［J］．理论界，2014(4)：153-155.

［99］薛晓芃，张海滨．东北亚地区环境治理的模式选择：欧洲模式还是东北亚模式？［J］．国际政治研究，2013，34(3)：52-68.

［100］薛晓芃，张罗丹．东北亚环境治理进程评估［J］．东方论坛，2014(5)：53-60.

［101］尹贵斌．反思与选择，环境保护视角文化问题［M］．哈尔滨：黑龙江人民出版社，2008.

［102］英瓦尔·卡尔松，什里达特·兰法尔．天涯若比邻——全球治理委员会的报告［M］．赵仲强，李正凌，译．中国对外翻译出版公司，1995.

［103］于东山．协同治理视角下的跨界公共物品供给机制研究［M］．沈阳:东北大学出版社，2018.

［104］俞可平．论国家治理现代化:修订版［M］．北京:社会科学文献出版社，2015.

［105］虞锡君．构建江海共治的水环境治理区域合作机制探讨［J］．嘉兴学院学报，2015，27(1)：58-62.

［106］约翰·贝拉米·福特斯．生态危机与资本主义［M］．耿建新，宋兴无，译．上海:上海译文出版社，2006.

［107］詹姆斯·罗西瑙．没有政府的治理［M］．南昌:江西人民出版社，2001.

［108］张海滨．东北亚环境合作的回顾与展望［J］．国际政治研究，2000(2)：76-79.

［109］张骥，王宏斌．全球环境治理中的非政府组织［J］．社会主义研究，2005(6)：107-109.

［110］张杰，张洋．论全球环境治理维度下环境 NGO 的生存之道［J］．求索，2012(12)：176-178.

［111］张新立，张恰元，何丽红，等．基于参与主体异质性条件下囚徒困境合作演化博弈模型研究［J］．经济数学，2015，32(2)：66-69.

［112］张蕴岭．东北亚区域经济合作［M］．北京:世界知识出版社，2004.

［113］张蕴岭．东北亚区域经济合作、进展、成效和未来［M］．北京:世界知识出版社，2004.

［114］赵光瑞．东北亚区域环境问题的制度探源与解决对策［J］．东北亚论坛，2003(5)：12-16.

［115］赵红梅．跨国公司对国际经济法创制和实施的参与［M］．北京:北京邮电大学出版社，2014.

［116］赵来军，李旭，朱道立，等．流域跨界污染纠纷排污权交易调控模型研究［J］．系统工程学报，2005，20(4)：398-403.

［117］中国—东盟环境保护合作中心．金砖国家环境管理体系与合作机制研究［M］．北京：中国环境出版社，2017．

［118］中国—东盟环境保护合作中心．中日韩环境合作二十年［M］．北京：中国环境出版集团，2018．

［119］周国梅，彭宾，国冬梅．区域环保国际合作战略与政策——亚太环境观察与研究［M］．北京：中国环境科学出版社，2015．

［120］周国银，张少标．社会责任国际标准实施指南［M］．深圳：海天出版社，2002．

［121］周圆．全球环境治理：国际关系中的环境问题研究［J］．环境与可持续发展，2016，41(4)：12-15．

［122］卓凯，殷存毅．区域合作的制度基础：跨界治理理论与欧盟经验［J］．财经研究，2007(1)：55-65．